探索未知　改变世界

科学大爆炸

完美捕食者

鲨鱼

U0155341

探 索 未 知　改 变 世 界

科学大爆炸

完美捕食者

鲨鱼

[美]乔·弗勒德　文图　臧一丹　黄玄召　译

贵州出版集团　贵州人民出版社

本书插图系原文插图

SCIENCE COMICS: SHARKS: Nature's Perfect Hunter by Joe Flood

Copyright © 2018 by Joe Flood

Published by arrangement with First Second, an imprint of Roaring Brook Press, a division of Holtzbrinck Publishing Holdings Limited Partnership

All rights reserved.

Simplified Chinese edition copyright © 2023 by Beijing Dandelion Children's Book House Co., Ltd.

版权合同登记号 图字：22-2022-041

审图号　GS京（2023）0213号

图书在版编目（ＣＩＰ）数据

完美捕食者：鲨鱼／（美）乔·弗勒德文图 ；臧丹，
黄玄召译. -- 贵阳：贵州人民出版社，2023.5（2024.4 重印）
　（科学大爆炸）
　ISBN 978-7-221-17557-1

　Ⅰ．①完… Ⅱ．①乔… ②臧… ③黄… Ⅲ．①鲨鱼—
少儿读物 Ⅳ．①Q959.41-49

中国版本图书馆CIP数据核字(2022)第252637号

KEXUE DA BAOZHA
WANMEI BUSHIZHE：SHAYU

科学大爆炸

完美捕食者：鲨鱼

［美］乔·弗勒德 文图 臧 丹 黄玄召 译

出 版 人　朱文迅　策　　划　蒲公英童书馆
责任编辑　颜小鹏　执行编辑　肖杨洋　装帧设计　王学元　曾 念　责任印制　郑海鸥

出版发行　贵州出版集团 贵州人民出版社
地　　址　贵阳市观山湖区中天会展城会展东路SOHO公寓A座（010-85805785 编辑部）
印　　刷　北京博海升彩色印刷有限公司（010-60594509）
版　　次　2023年5月第1版
印　　次　2024年4月第2次印刷
开　　本　700毫米×980毫米　1/16
印　　张　8
字　　数　50千字
书　　号　ISBN 978-7-221-17557-1
定　　价　39.80元

前　言

　　很多和你一样正在阅读此书的孩子或大人都经历过"我爱鲨鱼"的阶段。鲨鱼是一种既强大又美丽的动物，与此同时，它们又十分危险。我很理解为什么人们总是为鲨鱼而着迷，因为我也有同样的感受。事实上，我对鲨鱼的热爱从未减退过！我自小就十分喜欢鲨鱼，长大之后我将童年对鲨鱼的热爱转变成了职业目标，成了一名海洋生物学家。

　　为了研究鲨鱼，我花费大量的时间在海上进行捕捞、观测、标记和取样等工作。尽管日复一日地在汗味、防晒霜味的包围中，顶着烈日摆弄鱼饵，但我清楚这就是我想做的事情。每一次，当我感受到鲨鱼健壮的肌肉在坚硬的皮肤下不住地颤动，我都更清楚地认识到人类在食物链中的地位。即便我已经在世界各地见过上千条鲨鱼，但每一次我都像儿时在匹兹堡动物园第一次见到鲨鱼时那样激动。然而，在这些有趣的实地调查工作结束后，仍有其他的活等着我去干！

　　作为一名海洋生物学家，我工作的目的是收集、整理更多可以帮助政府保护海洋的科学数据。为了实现这一目标，我们得细致地处理样本、分析数据，并撰写报告书与其他科学家分享。当完成分析工作时，所有研究员都会沉浸在巨大的喜悦之中——我们是获得第一手信息的人！

　　鲨鱼研究学者最重要的课题之一就是，鲨鱼正在面临巨大的危机，它们需要人类的帮助！鲨鱼不仅是世界上受误解最深的物种之一，也是面临威胁最大的物种之一。在已知的鲨鱼种类中，有1/4濒临灭绝，有些鲨鱼因为人类的影响，数量比上一

代人生活的年代下降了90%。作为一名科学教育工作者，我相信人们并不是不关心鲨鱼，而是因为对鲨鱼知之甚少。这正是本书以及其他有关鲨鱼的书的意义。

阅读本书的过程中，你将获得一次周游世界各大洋的机会，认识许多不可思议的鲨鱼，学习关于它们的一切。你会学到关于鲨鱼的生物学知识以及关于生物多样性的知识。你会明白是什么让鲨鱼成为鲨鱼，知道它们是如何进化的。你还会知道，尽管有一些可怕的媒体报道，但去海边游泳时也无须因为鲨鱼而害怕。最重要的是，你会知道鲨鱼面临的巨大危机以及应该如何保护它们。

鲨鱼的命运取决于像你一样乐于去了解和关注它们的人。所以，作为一个自幼喜欢鲨鱼的海洋生物学家，衷心地感谢你能够阅读此书，希望你像我一样享受其中。

——大卫·希夫曼博士
海洋生物学家、科普博主

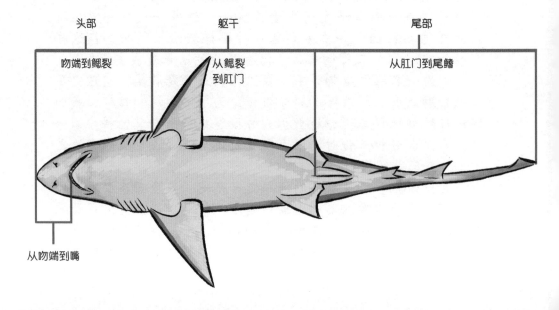

头部　　　　　　躯干　　　　　　　　尾部

吻端到鳃裂　　　从鳃裂到肛门　　　从肛门到尾鳍

从吻端到嘴

美国东海岸的某处。

太阳即将落山时，熟悉的身影出现在离岸不远的海面上。

鲨鱼！

是什么让人们对这种生物如此着迷？

是它们优美的曲线和浑然天成的力量？

还是怕被鲨鱼吃掉的恐惧？

人们的恐惧毫无必要。

这群鲨鱼刚刚饱餐了一顿肥美的大西洋黄花鱼。

只要不主动招惹，鲨鱼对人类就没什么威胁。

被蜜蜂蜇或被闪电击中的概率……

都比被鲨鱼袭击的概率要高。

但人们仍然对鲨鱼感到恐惧。

这可能是因为鲨鱼的大嘴。

那极具毁灭性的大嘴。

鲨鱼的这一特征激发了恐怖的联想。

它们的确是危险的动物，遇到鲨鱼确实有可能会丧命。

但是人们总喜欢夸大其词。

图书、电视节目和电影等作品总是用不实的宣传煽动人们对鲨鱼的恐惧。

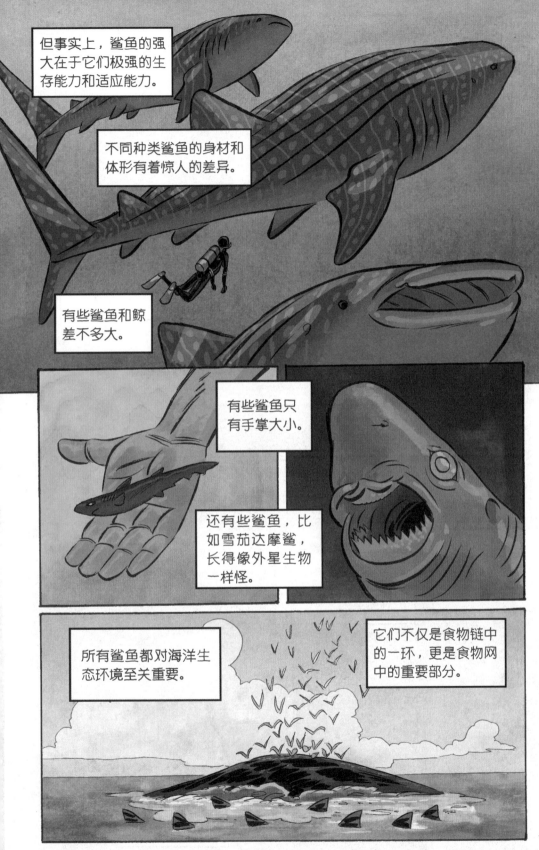

但事实上，鲨鱼的强大在于它们极强的生存能力和适应能力。

不同种类鲨鱼的身材和体形有着惊人的差异。

有些鲨鱼和鲸差不多大。

有些鲨鱼只有手掌大小。

还有些鲨鱼，比如雪茄达摩鲨，长得像外星生物一样怪。

所有鲨鱼都对海洋生态环境至关重要。

它们不仅是食物链中的一环，更是食物网中的重要部分。

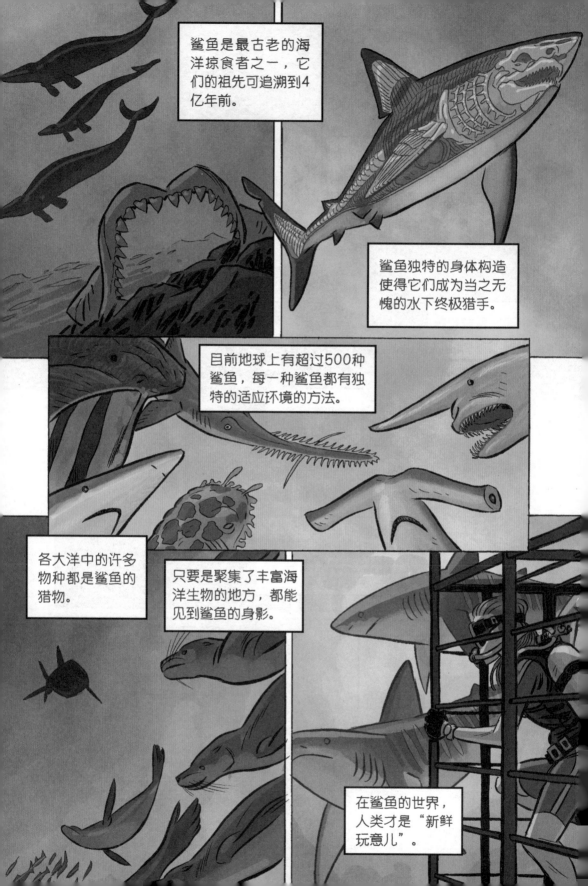

鲨鱼是最古老的海洋掠食者之一，它们的祖先可追溯到4亿年前。

鲨鱼独特的身体构造使得它们成为当之无愧的水下终极猎手。

目前地球上有超过500种鲨鱼，每一种鲨鱼都有独特的适应环境的方法。

各大洋中的许多物种都是鲨鱼的猎物。

只要是聚集了丰富海洋生物的地方，都能见到鲨鱼的身影。

在鲨鱼的世界，人类才是"新鲜玩意儿"。

对鲨鱼来说，人类是入侵它们领地的不速之客。

但人类还是忍不住探索这种神奇的生物，并对它们心生敬畏。

接下来，我们走近鲨鱼的世界看一看吧。

铰口鲨

Ginglymostoma cirratum

一种温顺的、行动迟缓的鲨鱼，它们通常以比目鱼、贝类、龙虾和螃蟹等底栖动物为食。

珊瑚礁、红树林和长满海草的海床是它们的首选狩猎场。

铰口鲨嘴边的触须是重要的感觉器官，可以帮它们搜寻海床上的猎物。

铰口鲨的嘴就像个强大的吸尘器，可以突然、迅速地将水吸进去。

在捕食海螺时，它们可以用这股吸力把螺壳里的螺肉吸出来。

铰口鲨喜欢温暖的水域，但不会因为水温下降迁徙，而是选择放慢自身新陈代谢的速度，并尽可能减少活动，以节约能量。

与大多数鲨鱼不同，铰口鲨十分适应圈养，所以在水族馆通常能见到它们的身影。

距旧金山16千米，太平洋的海面上。

听好了！兄弟们！我们这次行动只有一个目的……

寻找一条鱼！

不是普通的鱼，

是深海怪兽！它长着一排排剃刀般的牙……

还有能将其他鱼吞下的血盆大口！

那条鱼十分迅猛，它能蹿出水面并在空中翻转，还可以在暗无天日的深渊搜寻猎物。

皮肤像砂纸一样粗糙……

抱歉，打断一下，船长先生……

那不就是鲨鱼吗？

鲨鱼和鱼有什么区别？

事实上，鲨鱼和鱼有很大的区别！鲨鱼属于软骨鱼纲，和鳐鱼、魟鱼、银鲛鱼是近亲。它们都属于软骨鱼。

而大多数其他鱼类属于硬骨鱼纲。也就是有刺的鱼，硬骨鱼涵盖范围很广，包括鲑鱼、鲀鱼和大多数观赏鱼。

这两个术语意味着什么呢？

硬骨鱼纲是地球上所有脊椎动物中最大、最多样化的类群。

举一个例子可能会更容易理解。

这是一条红鲷鱼，学名：西大西洋笛鲷。

你好啊！

它是脊椎动物，它有一条脊柱。

它通过鳃呼吸，从水中获取氧气。

它的鳍有骨骼支撑，让它能在水中游动。

现在找一条鲨鱼来。

啊！等等！鲨鱼？！

公牛真鲨就不错。

啊，食物！

和硬骨鱼一样，这条公牛真鲨也有脊椎。

公牛真鲨和红鲷鱼一样，用鳃呼吸水中的空气，鳃就在它的头部后方。

但与硬骨鱼不同的是，公牛真鲨的脊椎由软骨构成。

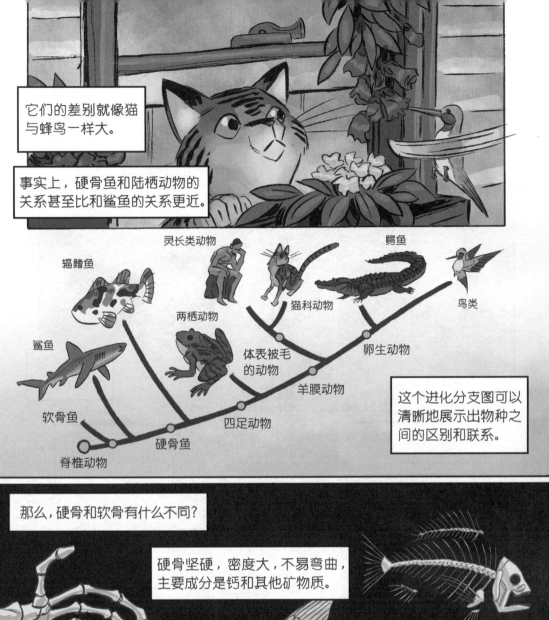

它们的差别就像猫与蜂鸟一样大。

事实上，硬骨鱼和陆栖动物的关系甚至比和鲨鱼的关系更近。

辐鳍鱼

灵长类动物

鳄鱼

两栖动物

猫科动物

鸟类

鲨鱼

体表被毛的动物

卵生动物

软骨鱼

羊膜动物

四足动物

硬骨鱼

脊椎动物

这个进化分支图可以清晰地展示出物种之间的区别和联系。

那么，硬骨和软骨有什么不同？

硬骨坚硬，密度大，不易弯曲，主要成分是钙和其他矿物质。

软骨更灵活，并具有弹性，主要成分是胶原蛋白。

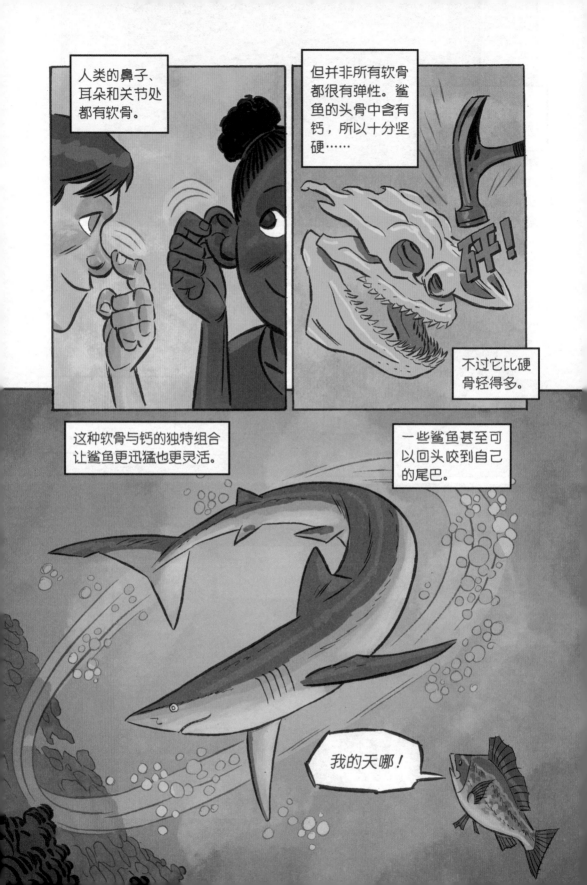

人类的鼻子、耳朵和关节处都有软骨。

但并非所有软骨都很有弹性。鲨鱼的头骨中含有钙，所以十分坚硬……

咔！

不过它比硬骨轻得多。

这种软骨与钙的独特组合让鲨鱼更迅猛也更灵活。

一些鲨鱼甚至可以回头咬到自己的尾巴。

我的天哪！

完全由软骨组成的骨骼也存在一些缺点。

哥们儿，你快点！我的内脏就要被压碎了。

鲨鱼没有胸腔，所以离开水就无法支撑住身体的重量。

大多数动物的骨骼都可以制造红细胞，红细胞可以将氧气输送到大脑。

没有硬骨的鲨鱼通过什么方法制造红细胞呢？

脾

鲨鱼的脾能制造红细胞……

赖迪氏器

"赖迪氏器"也可以产生红细胞。这个特别的器官以德国组织学家弗朗茨·赖迪的名字命名，他在1857年首次描述这一构造。

只有鲨鱼和它们的近亲拥有这种器官。

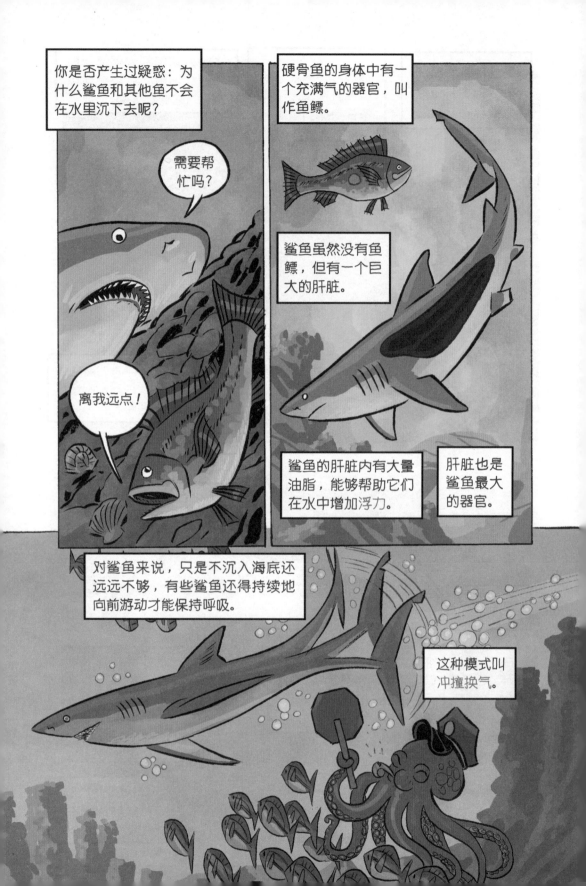

你是否产生过疑惑：为什么鲨鱼和其他鱼不会在水里沉下去呢？

需要帮忙吗？

离我远点！

硬骨鱼的身体中有一个充满气的器官，叫作鱼鳔。

鲨鱼虽然没有鱼鳔，但有一个巨大的肝脏。

鲨鱼的肝脏内有大量油脂，能够帮助它们在水中增加浮力。

肝脏也是鲨鱼最大的器官。

对鲨鱼来说，只是不沉入海底还远远不够，有些鲨鱼还得持续地向前游动才能保持呼吸。

这种模式叫冲撞换气。

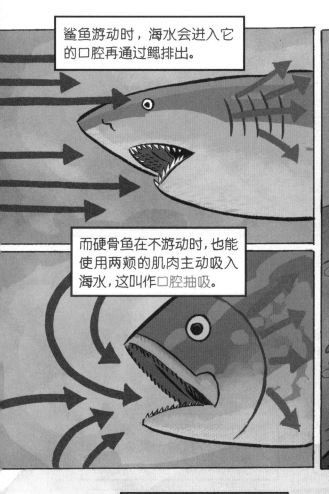

鲨鱼游动时，海水会进入它的口腔再通过鳃排出。

而硬骨鱼在不游动时，也能使用两颊的肌肉主动吸入海水，这叫作口腔抽吸。

但不是所有鲨鱼都需要通过冲撞换气的方式呼吸。

斑纹须鲨可以通过颌和一种叫颊泵的器官将海水吸入口腔。

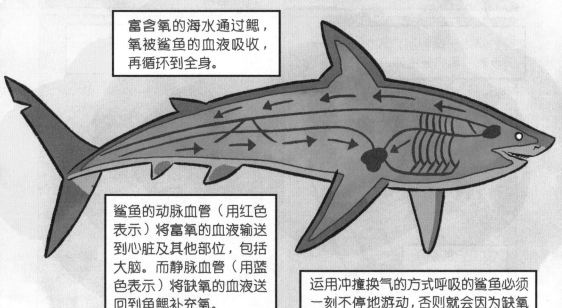

富含氧的海水通过鳃，氧被鲨鱼的血液吸收，再循环到全身。

鲨鱼的动脉血管（用红色表示）将富氧的血液输送到心脏及其他部位，包括大脑。而静脉血管（用蓝色表示）将缺氧的血液送回到鱼鳃补充氧。

运用冲撞换气的方式呼吸的鲨鱼必须一刻不停地游动，否则就会因为缺氧引发器官衰竭，导致死亡。

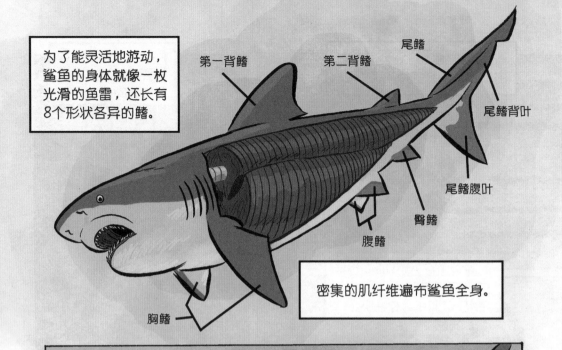

为了能灵活地游动，鲨鱼的身体就像一枚光滑的鱼雷，还长有8个形状各异的鳍。

第一背鳍

第二背鳍

尾鳍

尾鳍背叶

尾鳍腹叶

臀鳍

腹鳍

胸鳍

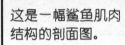

密集的肌纤维遍布鲨鱼全身。

这是一幅鲨鱼肌肉结构的剖面图。

鲨鱼在平稳游动时使用深红色的肌肉。

粉红色的肌肉充满爆发力，用于冲刺，这种肌肉能高效地将能量转化为动力。

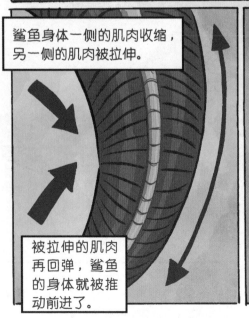

鲨鱼身体一侧的肌肉收缩，另一侧的肌肉被拉伸。

被拉伸的肌肉再回弹，鲨鱼的身体就被推动前进了。

鲨鱼靠左右摆动尾鳍前进。

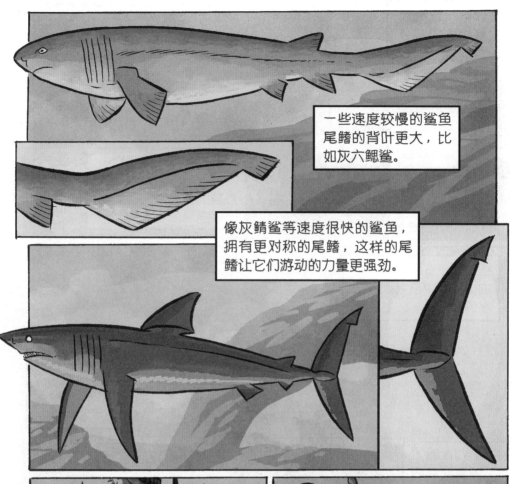

一些速度较慢的鲨鱼尾鳍的背叶更大，比如灰六鳃鲨。

像灰鲭鲨等速度很快的鲨鱼，拥有更对称的尾鳍，这样的尾鳍让它们游动的力量更强劲。

一些鲨鱼天生神速，但它们能追上速度更快的猎物吗？

时速超过75千米的蓝鳍金枪鱼是灰鲭鲨最喜欢的食物之一。

小型鲨鱼的最爱——枪乌贼和鲭鱼也有惊人的冲刺速度。

动物可以分为恒温动物和变温动物，这指的是它们调节体温的能力。

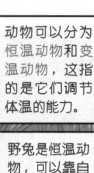

野兔是恒温动物，可以靠自身保持体温恒定，所以它能随意活动。

而变温动物，比如蜥蜴，则需要减少活动以避免热量流失，它们的活动受环境温度的制约。

红鲷鱼是变温动物，它的体温取决于它周围海水的温度。

公牛真鲨也是变温动物，它们也会在海水中散失热量。

当冰冷的海水流过鳃丝，会使鳃丝内的血液降温。

低温的血液从鲨鱼肌肉和内脏流过，会导致鲨鱼的体温降低。

冬季到来前，鲨鱼会迁往南方的温暖水域。

迈阿密

但并非所有鲨鱼都是"冷血"的。鼠鲨科的一些鲨鱼就能够保持相对恒定的体温。

它们的静脉与动脉之间有一种叫作细脉网的特殊结构。

流向身体核心的温暖血液 ◀

来自鳃部的低温血液 ◀

流向身体核心的温暖血液 ◀

流向鳃部的低温血液 ◀

在细脉网中，来自身体核心的温暖血液将热量传导给来自鳃部的低温血液。

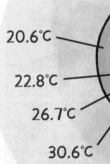

20.6℃

22.8℃

26.7℃

30.6℃

这样，热量便不会经鳃部流失，得以留存在体内。这种优势让鲨鱼能够在寒冷的水域捕猎，也游得更远。

这种能力使灰鲭鲨能够紧追蓝鳍金枪鱼并将它们吃掉！

而红鲷鱼则更愿意一直待在温暖的水域。

哦！天……鲨鱼！

鲨鱼比硬骨鱼聪明吗？

科学家对鲨鱼的大脑知之甚少。目前仅知鲨鱼的大脑占身体的比重远大于多数鱼类。

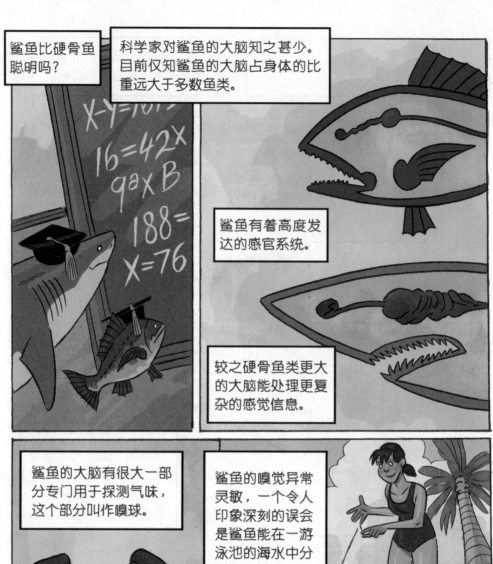

鲨鱼有着高度发达的感官系统。

较之硬骨鱼类更大的大脑能处理更复杂的感觉信息。

鲨鱼的大脑有很大一部分专门用于探测气味，这个部分叫作嗅球。

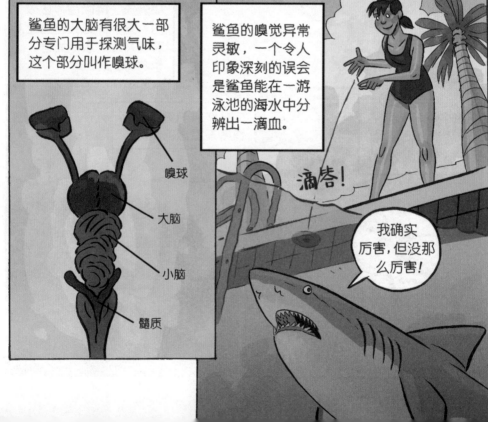

嗅球

大脑

小脑

髓质

鲨鱼的嗅觉异常灵敏，一个令人印象深刻的误会是鲨鱼能在一游泳池的海水中分辨出一滴血。

滴嗒！

我确实厉害，但没那么厉害！

视觉是另一种重要的感觉。

鲨鱼的眼睛长在头部的两侧，所以它们得通过转动眼球扩大视野范围。

双髻鲨向两侧凸出的颅骨使它们的视野范围可以达到219°。

鲨鱼的眼球上有一层能调节光线强度的虹膜。

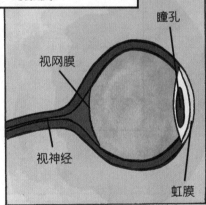

瞳孔

视网膜

视神经

虹膜

鲨鱼的视网膜上有反光膜，在夜里能反射更多的光线。

所以鲨鱼的眼睛像猫眼一样，会在黑暗中发光。

至于鲨鱼能否尝出不同的味道，仍未可知。

铁片！

0070981
路易斯安那州

科学家们认为鲨鱼的味觉更多的是用于分辨哪些东西能吃，哪些不能吃。

声音在水中要比在空气中传播得更远，鲨鱼的内耳能听到远处受伤鱼类的声音。

啊！痛啊！痛啊！

嘘！！！

鲨鱼的侧线有感受触觉的功能。

侧线贯穿鲨鱼的整个身体，由内部布满纤毛的微小导管构成，能够感受到周围物体运动而造成的水压变化。

鲨鱼的电觉器官让它能够感受水中生物释放的微弱电流。

鲨鱼头部有许多在体表开口的小管，叫作洛仑兹壶腹，这种器官可以感知微弱的低频电场。

24

无论猎物在哪里，即便藏在沙子下、浑浊的水中，甚至是完全黑暗的环境中，鲨鱼都能够找到它们！

电觉

触觉（侧线）

听觉

视觉

嗅觉

鲨鱼整合所有感官信息来捕食。

在强大的肌肉和鱼鳍的加持下，鲨鱼的猎食范围非常广泛。

不过，我们似乎忘了鲨鱼享受美食最重要的工具。

锋利的牙齿对鲨鱼很重要。

红鲷鱼的牙齿是固定在上下颌上的。

但鲨鱼有好几排牙齿，它的牙是长在牙床上的。

后排新生的牙齿会慢慢前移，替代前排的旧牙齿。

新生牙齿

旧牙齿

前排的旧牙齿会脱落，不断有新生的牙齿替换上来。

相比于硬骨鱼，鲨鱼的优势之一便是它们有可以持续再生的牙齿。

通常，鲨鱼的寿命在30年左右，也有些鲨鱼能活到100岁。但不论多老的鲨鱼，牙齿仍会持续再生。

鲨鱼牙齿的形状取决于它们捕食的猎物。

噬人鲨巨大的带锯齿的三角形牙齿能帮它们撕咬大型水栖哺乳动物。

噬人鲨
（大白鲨）

象海豹

锥齿鲨
（沙虎鲨）

弯曲的、尖刺般的牙齿专门用来猎食身体光滑的小型鱼类，比如鲭鱼和海鳗。

云纹犬牙
石首鱼

佛氏虎鲨

宽扁的牙齿专门用来粉碎螃蟹等甲壳动物的硬壳。

龙虾

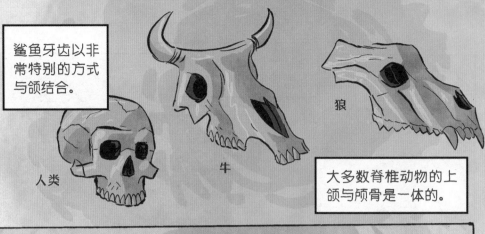

鲨鱼牙齿以非常特别的方式与颌结合。

人类

牛

狼

大多数脊椎动物的上颌与颅骨是一体的。

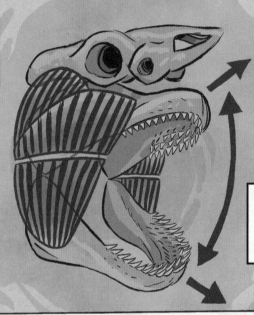

但鲨鱼的颅骨由三个部分构成。

一组强有力的肌肉将上下颌与颅骨连接起来，这三个部分都能独立移动。

这样的结构不仅增强了咬合力，还有助于鲨鱼把嘴张得更大。

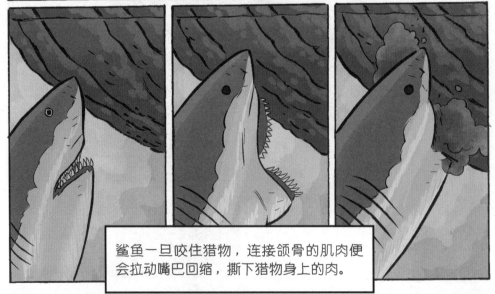

鲨鱼一旦咬住猎物，连接颌骨的肌肉便会拉动嘴巴回缩，撕下猎物身上的肉。

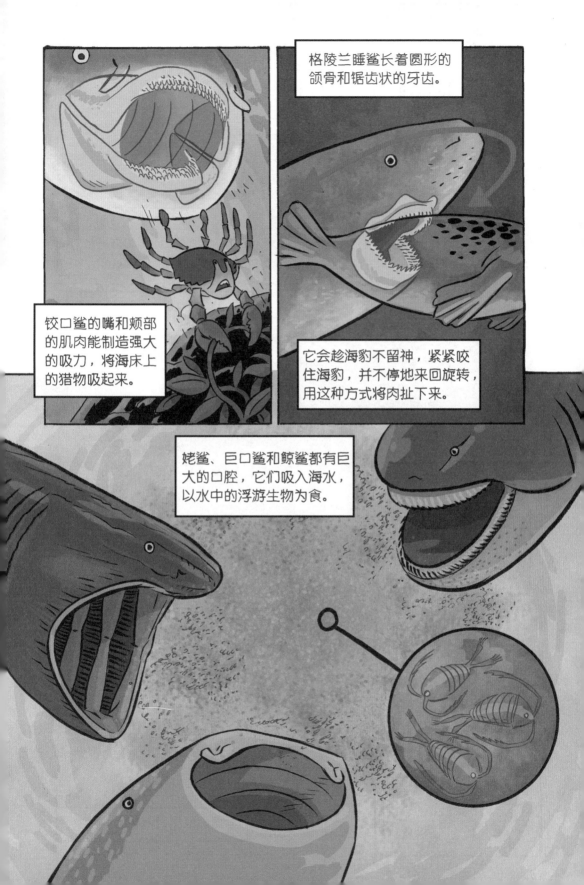

格陵兰睡鲨长着圆形的颌骨和锯齿状的牙齿。

铰口鲨的嘴和颊部的肌肉能制造强大的吸力，将海床上的猎物吸起来。

它会趁海豹不留神，紧紧咬住海豹，并不停地来回旋转，用这种方式将肉扯下来。

姥鲨、巨口鲨和鲸鲨都有巨大的口腔，它们吸入海水，以水中的浮游生物为食。

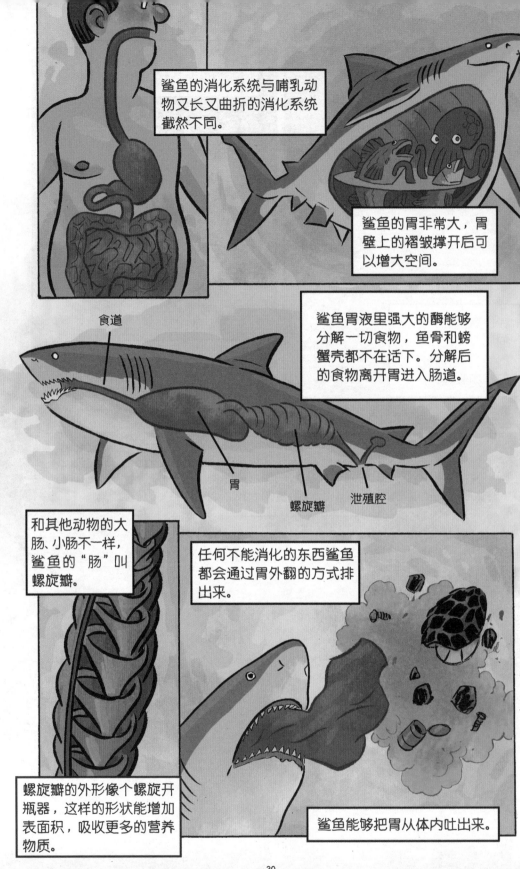

鲨鱼的消化系统与哺乳动物又长又曲折的消化系统截然不同。

鲨鱼的胃非常大，胃壁上的褶皱撑开后可以增大空间。

鲨鱼胃液里强大的酶能够分解一切食物，鱼骨和螃蟹壳都不在话下。分解后的食物离开胃进入肠道。

食道

胃

螺旋瓣

泄殖腔

和其他动物的大肠、小肠不一样，鲨鱼的"肠"叫螺旋瓣。

任何不能消化的东西鲨鱼都会通过胃外翻的方式排出来。

螺旋瓣的外形像个螺旋开瓶器，这样的形状能增加表面积，吸收更多的营养物质。

鲨鱼能够把胃从体内吐出来。

和硬骨鱼不同，鲨鱼用体内受精的方式繁殖。

雌性鲨鱼生殖结构

子宫

壳腺

卵巢

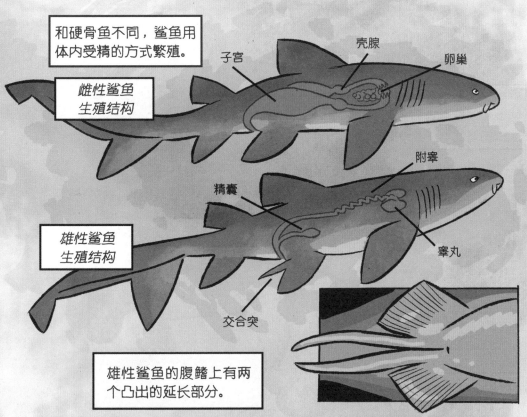

雄性鲨鱼生殖结构

精囊

附睾

睾丸

交合突

雄性鲨鱼的腹鳍上有两个凸出的延长部分。

交配时，雄性鲨鱼借助交合突抱紧雌性鲨鱼。

有些鲨鱼的卵被外壳包裹，也就是俗称的"美人鱼的钱包"，这些卵会附着在海草或岩石上。

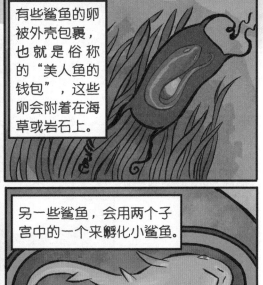

另一些鲨鱼，会用两个子宫中的一个来孵化小鲨鱼。

多数鲨鱼的胚胎直到正式出生前，都靠卵黄囊来提供养分。

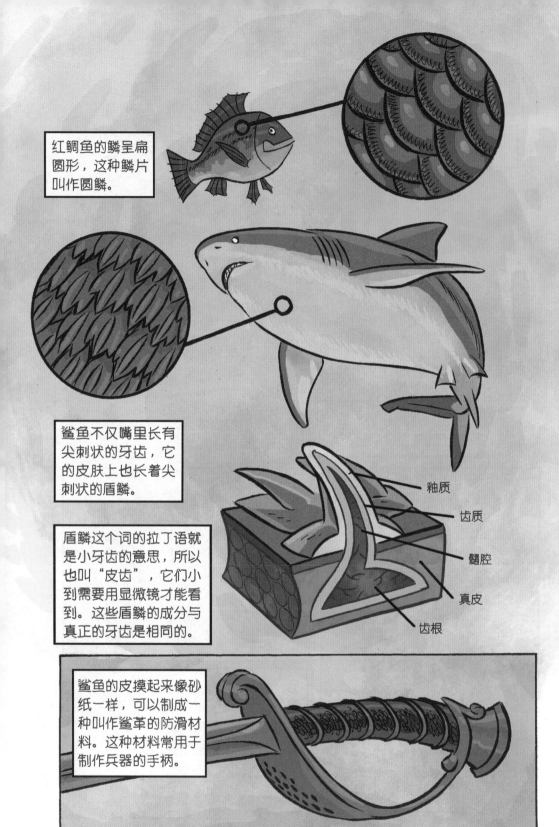

红鲷鱼的鳞呈扁圆形，这种鳞片叫作圆鳞。

鲨鱼不仅嘴里长有尖刺状的牙齿，它的皮肤上也长着尖刺状的盾鳞。

盾鳞这个词的拉丁语就是小牙齿的意思，所以也叫"皮齿"，它们小到需要用显微镜才能看到。这些盾鳞的成分与真正的牙齿是相同的。

釉质

齿质

髓腔

真皮

齿根

鲨鱼的皮摸起来像砂纸一样，可以制成一种叫作鲨革的防滑材料。这种材料常用于制作兵器的手柄。

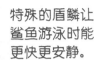

特殊的盾鳞让鲨鱼游泳时能更快更安静。

再加上鲨鱼那轻盈、灵活的骨骼，布满尖牙的大嘴和极灵敏的感官。

可怜的红鲷鱼怎么能从鲨鱼面前逃脱呢？

糟了！

大多数海洋生物都进化出了应对天敌的防御手段，从伪装色到毒刺，花样繁多。

它们好棒……那我呢？

嗯……红鲷鱼数量庞大。

？

傻眼了吧？

无沟双髻鲨
Sphyrna mokarran

无沟双髻鲨是双髻鲨中体形
最大的鲨鱼，体长最长可达
6米。

无沟双髻鲨有着拉长的颅骨，或者
叫作"头翼"，可以帮助它们更好
地捕猎。

这样的颅骨能够最大
限度地拓宽无沟双髻
鲨的视野范围。

嘟嘟！
嘟嘟！
嘟嘟！

无沟双髻鲨可以用
它金属探测器似的
脑袋搜寻猎物。

无沟双髻鲨生活在热带沿海大陆架的温暖水域，最喜爱的食物是赤魟（黄貂鱼）。

经常能在无沟双髻鲨的嘴里发现赤魟的毒刺，但鲨鱼不会因此而受伤。

无沟双髻鲨经常侧身游泳。

巨大的背鳍就像飞机机翼，可以产生升力，这样能够节省很多体力。

简单介绍一下脊椎动物的进化。

在寒武纪，地球几乎被海洋覆盖。

距今约5.4亿年前，地球上动物的数量和种类都出现大幅增长，也就是"寒武纪生命大爆发"。

这一阶段出现了被归类于脊索动物门下的脊椎动物。

海口鱼是一种靠鳃裂呼吸、进食的原始脊椎动物。

头甲鱼是一种没有颌，有特殊甲壳护住头部的鱼类。

盾皮鱼称霸了整个"鱼类时代"，它也是第一种长有颌的鱼类。

盾皮鱼是所有有颌类硬骨鱼的祖先。盾皮鱼纲中最大的邓氏鱼体长约6—10米，是当时处于食物链最顶端的凶猛怪兽。

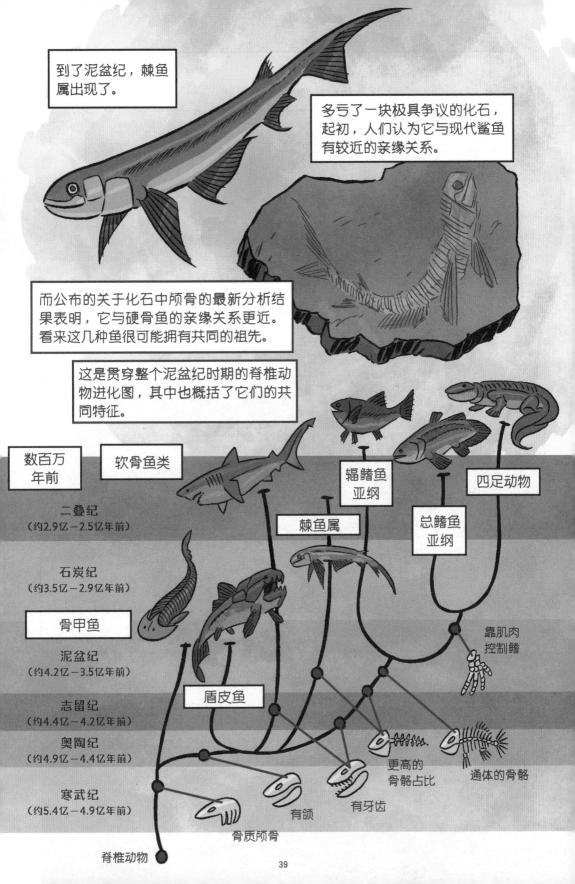

到了泥盆纪，棘鱼属出现了。

多亏了一块极具争议的化石，起初，人们认为它与现代鲨鱼有较近的亲缘关系。

而公布的关于化石中颅骨的最新分析结果表明，它与硬骨鱼的亲缘关系更近。看来这几种鱼很可能拥有共同的祖先。

这是贯穿整个泥盆纪时期的脊椎动物进化图，其中也概括了它们的共同特征。

数百万年前

软骨鱼类

辐鳍鱼亚纲

四足动物

二叠纪
（约2.9亿—2.5亿年前）

棘鱼属

石炭纪
（约3.5亿—2.9亿年前）

总鳍鱼亚纲

骨甲鱼

泥盆纪
（约4.2亿—3.5亿年前）

靠肌肉控制鳍

盾皮鱼

志留纪
（约4.4亿—4.2亿年前）

奥陶纪
（约4.9亿—4.4亿年前）

更高的骨骼占比

通体的骨骼

寒武纪
（约5.4亿—4.9亿年前）

有颌

有牙齿

骨质颅骨

脊椎动物

39

裂口鲨出现在泥盆纪，是最早的鲨鱼。裂口鲨体长约1.8米，它的颌比现代鲨鱼要弱得多。

胸脊鲨是另一种早已灭绝的远古鲨鱼，它的背鳍顶部像刷子一样布满了尖刺。

旋齿鲨可能是已经灭绝的远古鲨鱼中最离奇的一种，它的下颌上螺旋状排列着很多牙齿。

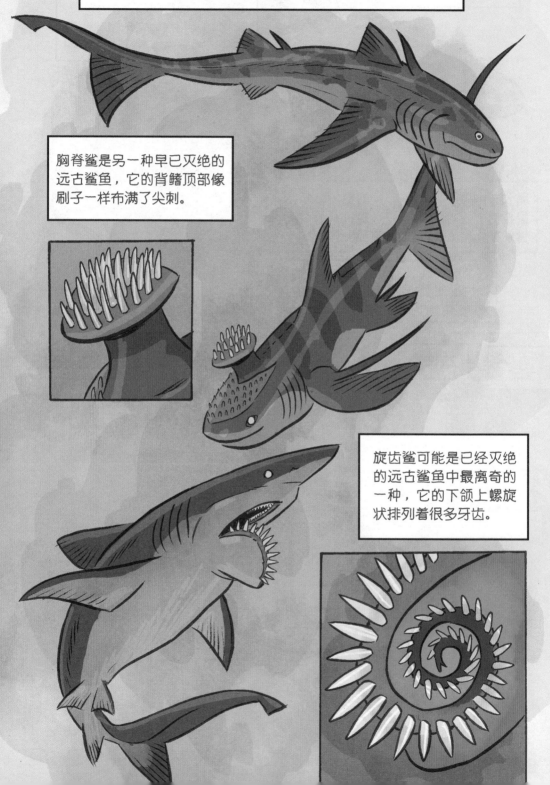

在泥盆纪之后的石炭纪，鲨鱼的种类和数量都空前繁盛。

但这种繁荣并未延续下去……

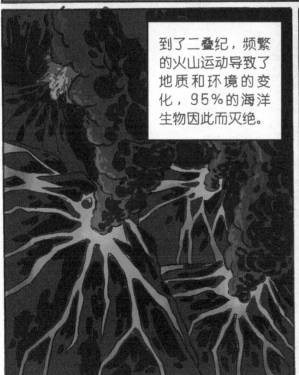

到了二叠纪，频繁的火山运动导致了地质和环境的变化，95%的海洋生物因此而灭绝。

大灭绝之后出现了一种新的鲨鱼——弓鲛。

它们无疑是最成功的鲨鱼种群，从三叠纪一直生存到白垩纪晚期，也就是"恐龙时代"。

它们与远古的巨型海洋爬行动物共享海洋。

甚至在霸王龙化石旁也发现过鲨鱼的牙齿。

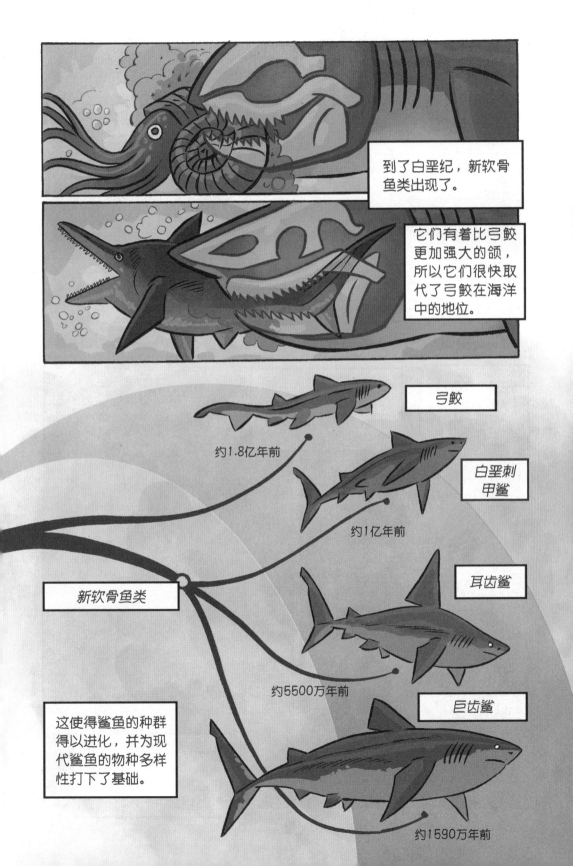

到了白垩纪，新软骨鱼类出现了。

它们有着比弓鲛更加强大的颌，所以它们很快取代了弓鲛在海洋中的地位。

弓鲛

约1.8亿年前

白垩刺甲鲨

约1亿年前

新软骨鱼类

耳齿鲨

约5500万年前

巨齿鲨

这使得鲨鱼的种群得以进化，并为现代鲨鱼的物种多样性打下了基础。

约1590万年前

当白垩纪即将结束……

啊
——

鲨鱼又一次在物种大灭绝中幸存下来，进入"哺乳动物时代"。

与那些古老的水生爬行动物一样，有一些哺乳动物也生活在海洋中。

如慈母鲸这样的"始祖鲸"，在这个时期即将进化成为完全的海洋哺乳动物。

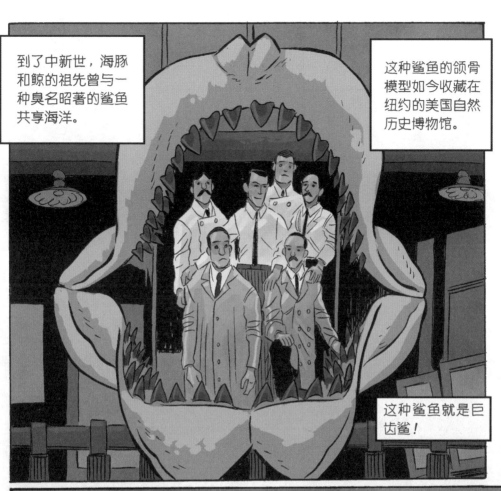

到了中新世，海豚和鲸的祖先曾与一种臭名昭著的鲨鱼共享海洋。

这种鲨鱼的颌骨模型如今收藏在纽约的美国自然历史博物馆。

这种鲨鱼就是巨齿鲨！

巨齿鲨体长超过15米，它的嘴完全张开足以吞下一头公牛。

早期的海洋哺乳动物，比如管状鲸，很可能遭遇过巨齿鲨。

巨齿鲨是毫无争议的顶级掠食者。

大型水生爬行动物灭绝后，巨齿鲨填补了它们在食物链中留下的空缺。

科学家曾在始祖鲸的化石上找到了可怕的牙印。在那个年代，只有巨齿鲨能给始祖鲸造成如此伤害。

这能证明在巨齿鲨的年代，所有大型海洋动物，包括鲸、海豚，甚至巨型海龟，都是它的猎物。

在历史上，早就发现过巨齿鲨牙齿的化石。

中世纪时，欧洲人认为那是巨龙的舌头，并认为可以用它来医治毒蛇咬伤。

1666年，丹麦自然科学家尼尔斯·斯坦森曾发表了一篇关于噬人鲨头部的解剖报告。

他提出，现代鲨鱼的牙齿与巨齿鲨牙齿化石具有相似性。

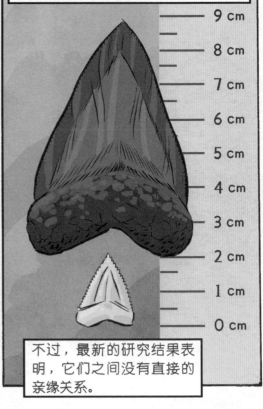

尽管巨齿鲨牙齿的长度是噬人鲨的3倍多，但是鉴于它们的相似度，人们还是认为噬人鲨是它的直系后代。

9 cm
8 cm
7 cm
6 cm
5 cm
4 cm
3 cm
2 cm
1 cm
0 cm

不过，最新的研究结果表明，它们之间没有直接的亲缘关系。

虽然牙齿结构的细微差别不易被察觉，但古生物学家还是据此将巨齿鲨分到了另一个亚类。

牙齿是研究灭绝鲨鱼仅有的线索，因为鲨鱼的软骨通常不会变成化石。

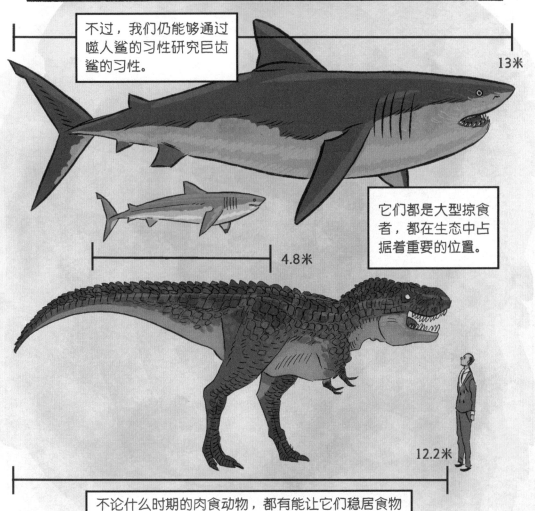

不过，我们仍能够通过噬人鲨的习性研究巨齿鲨的习性。

13米

它们都是大型掠食者，都在生态中占据着重要的位置。

4.8米

12.2米

不论什么时期的肉食动物，都有能让它们稳居食物链顶端的共同特点。

也有一些种类的鲨鱼几百万年一直保持原样。

六鳃鲨目下的灰六鳃鲨、皱鳃鲨便是如此，它们从史前开始，就是现在的样子。

还有一种"史前鲨鱼"……

欧氏尖吻鲛（哥布林鲨）
Mitsukurina owstoni

这是一种稀有的深海鲨鱼，它的长相和它的名字"哥布林"十分相配。

这种鲨鱼于1898年在日本被首次发现。它所具备的原始特征甚至可以追溯到白垩纪，因此得到"活化石"的称呼。

欧氏尖吻鲛移动速度缓慢，通常靠伏击狩猎。它会在黑暗中悄悄凑近毫无防备的猎物，然后用长满针状利齿的尖嘴突然咬住猎物。

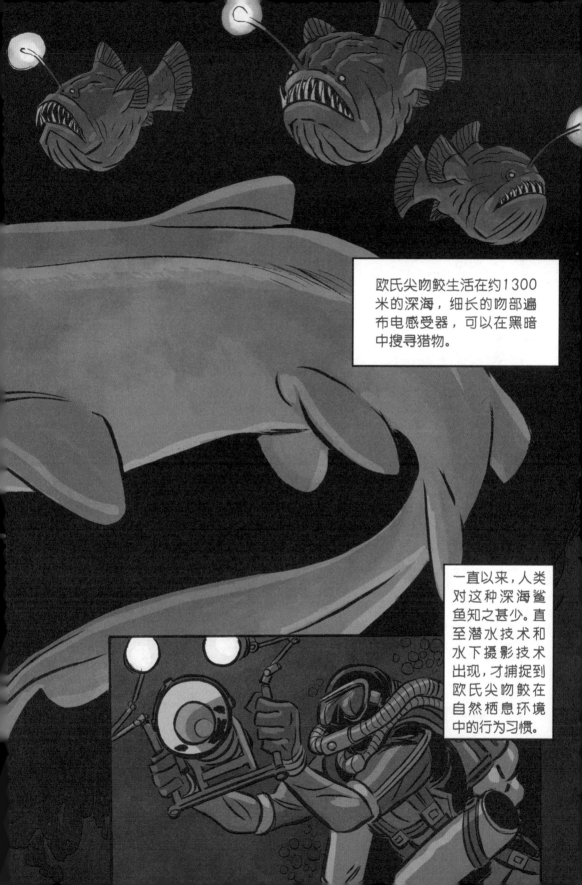

欧氏尖吻鲛生活在约1300米的深海，细长的吻部遍布电感受器，可以在黑暗中搜寻猎物。

一直以来，人类对这种深海鲨鱼知之甚少。直至潜水技术和水下摄影技术出现，才捕捉到欧氏尖吻鲛在自然栖息环境中的行为习惯。

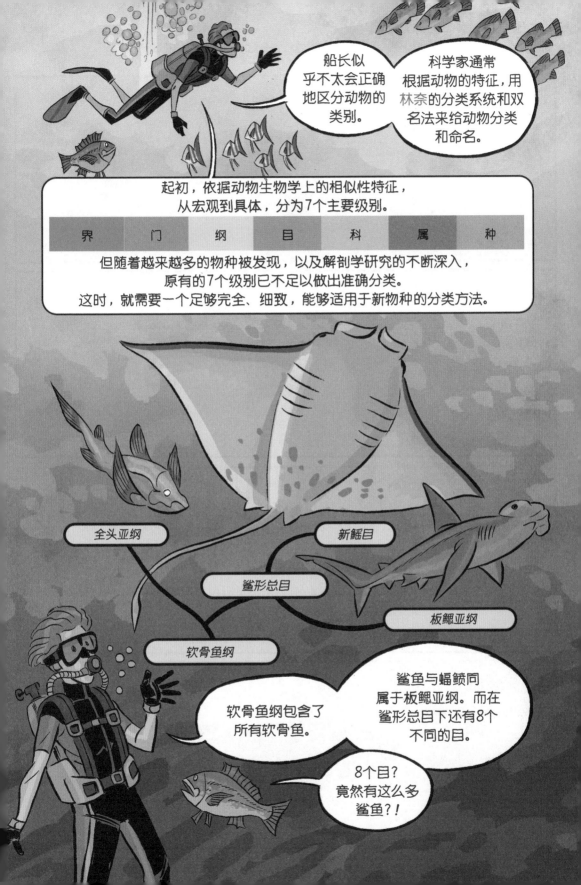

鲨形总目

真鲨目
Carcharhiniformes

- 5对鳃裂
- 有臀鳍
- 2个背鳍
- 可以闭眼[1]

例如：双髻鲨、大青鲨

角鲨目
Squaliformes

- 5对鳃裂
- 无臀鳍
- 2个背鳍
- 背鳍有棘突
- 短吻

例如：小乌鲨、格陵兰睡鲨

须鲨目
Orectolobiformes

- 5对鳃裂
- 有臀鳍
- 2个背鳍

例如：铰口鲨、鲸鲨

六鳃鲨目
Hexanchiformes

- 6—7对鳃裂
- 1个背鳍

例如：大眼六鳃鲨、南非皱鳃鲨

[1]一些种类的鲨鱼有瞬膜或瞬褶（眼睑内侧薄而硬的透明皮膜），可以覆盖眼球起到保护作用。

锯鲨目

Pristiophoriformes

- 5—6对鳃裂
- 无臀鳍
- 2个背鳍
- 长吻和长皮须

例如：短吻锯鲨

扁鲨目

Squatiniformes

- 5对鳃裂
- 无臀鳍
- 2个背鳍
- 躯体扁平

例如：疣突扁鲨、杜氏扁鲨

虎鲨目

Heterodontiformes

- 5对鳃裂
- 有臀鳍
- 2个背鳍
- 背鳍有硬棘

例如：墨西哥虎鲨、宽纹虎鲨

鼠鲨目

Lamniformes

- 5对鳃裂
- 有臀鳍
- 2个背鳍

例如：噬人鲨、灰鲭鲨

鲨鱼的种类繁多，如果把世界各地不同的鲨鱼聚在一起，没有房间能装得下。

可以先把目光投向鲨鱼中的佼佼者……

真鲨目

现存的鲨鱼大多属于真鲨目。

真鲨科是最庞大的鲨鱼家族。

虎鲨拥有美丽的条纹和独特的牙齿。

因为它们什么都吃，还被叫作"移动的垃圾桶"。

公牛真鲨的名字非常恰当，它们强壮而好斗。这种鲨鱼领地意识非常强，会疯狂攻击入侵者。

公牛真鲨是唯一一种既能在海水中又能在淡水中生活的鲨鱼。有时为了寻找食物，它们会游到很远的上游水源地。

它们喜欢在黑暗中发动攻击。

啊！这里好黑啊！

优雅、美丽的大青鲨是法国海洋探险家雅克–伊夫·库斯托喜爱的研究对象。

哇！太美了！

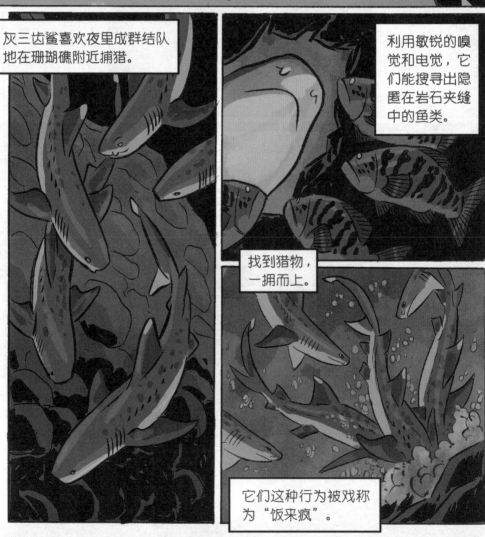

灰三齿鲨喜欢夜里成群结队地在珊瑚礁附近捕猎。

利用敏锐的嗅觉和电觉，它们能搜寻出隐匿在岩石夹缝中的鱼类。

找到猎物，一拥而上。

它们这种行为被戏称为"饭来疯"。

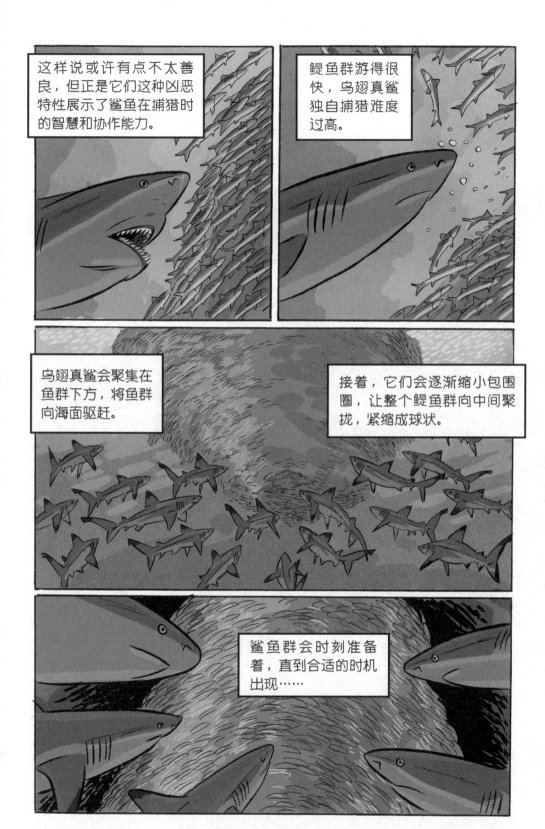

这样说或许有点不太善良，但正是它们这种凶恶特性展示了鲨鱼在捕猎时的智慧和协作能力。

鳀鱼群游得很快，乌翅真鲨独自捕猎难度过高。

乌翅真鲨会聚集在鱼群下方，将鱼群向海面驱赶。

接着，它们会逐渐缩小包围圈，让整个鳀鱼群向中间聚拢，紧缩成球状。

鲨鱼群会时刻准备着，直到合适的时机出现……

然后……

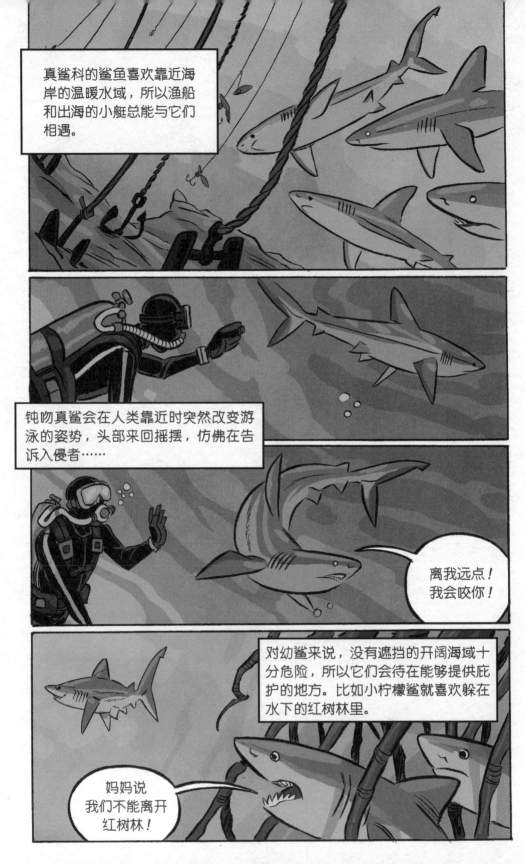

真鲨科的鲨鱼喜欢靠近海岸的温暖水域，所以渔船和出海的小艇总能与它们相遇。

钝吻真鲨会在人类靠近时突然改变游泳的姿势，头部来回摇摆，仿佛在告诉入侵者……

离我远点！
我会咬你！

对幼鲨来说，没有遮挡的开阔海域十分危险，所以它们会待在能够提供庇护的地方。比如小柠檬鲨就喜欢躲在水下的红树林里。

妈妈说
我们不能离开
红树林！

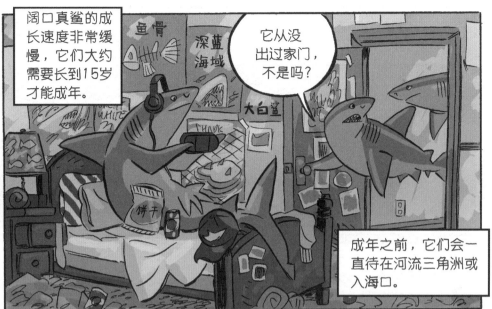

阔口真鲨的成长速度非常缓慢，它们大约需要长到15岁才能成年。

它从没出过家门，不是吗？

成年之前，它们会一直待在河流三角洲或入海口。

这种生活习性其实非常脆弱，十分容易受到人类活动的影响。

咔吧!

农药污染、燃油泄漏和人类的侵扰都会导致鲨鱼种群数量的减少。

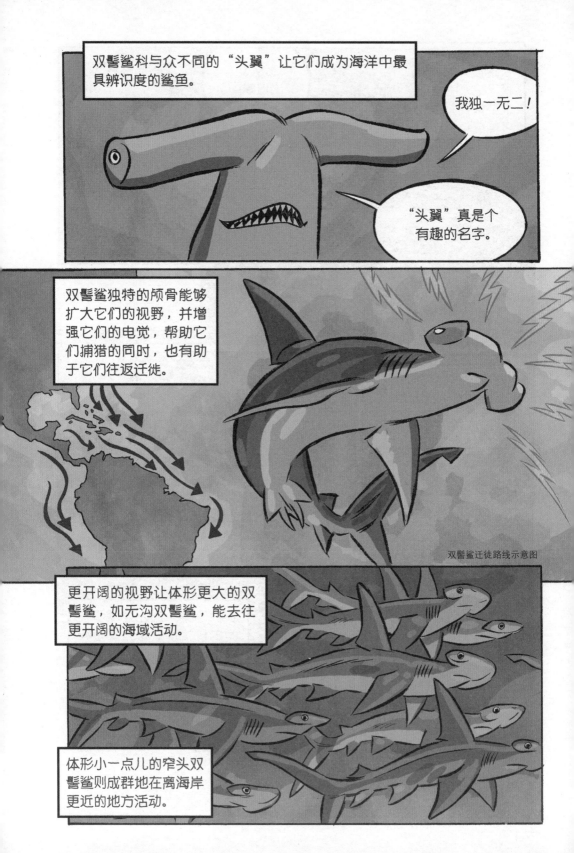

双髻鲨科与众不同的"头翼"让它们成为海洋中最具辨识度的鲨鱼。

我独一无二！

"头翼"真是个有趣的名字。

双髻鲨独特的颅骨能够扩大它们的视野，并增强它们的电觉，帮助它们捕猎的同时，也有助于它们往返迁徙。

双髻鲨迁徙路线示意图

更开阔的视野让体形更大的双髻鲨，如无沟双髻鲨，能去往更开阔的海域活动。

体形小一点儿的窄头双髻鲨则成群地在离海岸更近的地方活动。

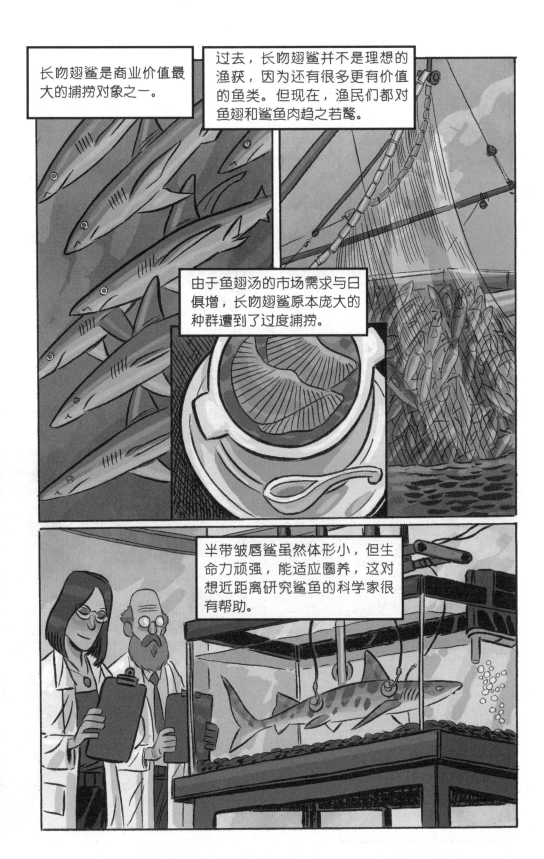

长吻翅鲨是商业价值最大的捕捞对象之一。

过去，长吻翅鲨并不是理想的渔获，因为还有很多更有价值的鱼类。但现在，渔民们都对鱼翅和鲨鱼肉趋之若鹜。

由于鱼翅汤的市场需求与日俱增，长吻翅鲨原本庞大的种群遭到了过度捕捞。

半带皱唇鲨虽然体形小，但生命力顽强，能适应圈养，这对想近距离研究鲨鱼的科学家很有帮助。

猫鲨科是鲨鱼中最大的科，有150多种。猫鲨科中的大多数鲨鱼都生活在深海，所以人类对它们知之甚少，至今还常能发现新的猫鲨种类。

最新的科学研究表明，有些猫鲨能在黑暗中发光，这种光叫作"磷光"。据科学家推测，这种发光功能很可能是为了在漆黑的深海寻找同类。

当遭到袭击时，东太平洋绒毛鲨会用水充满体腔，这样捕食者就很难将它拽出藏身的洞穴。

锥齿鲨
Carcharias taurus

这种鲨鱼有很多别名，"老鼠鲨""烂牙鲨"只是其中的一部分。

锥齿鲨虽然有个"沙虎鲨"的别名，但它属于鼠鲨目，与噬人鲨是近亲。

锥齿鲨的移动十分缓慢，它有时只是悬停在海床上，几乎不会移动。

锥齿鲨会游到海面上吸入空气，在腹中制造气泡，这样便可以在不游动的情况下在水中浮起来。

这种鲨鱼独特的口腔里长满了弯钩状的牙齿，这样的牙齿在捕食滑腻的鱼类时很有用。

锥齿鲨会在两个子宫里孕育大约50枚卵，但这些胚胎不会连接子宫壁，而是通过"宫内互食"的方式获得营养。第一条长到10厘米的幼鲨会吃掉其他兄弟姐妹。

最强壮的幼鲨长到接近一米的长度，就会离开母体，这便是"适者生存"的残酷案例。

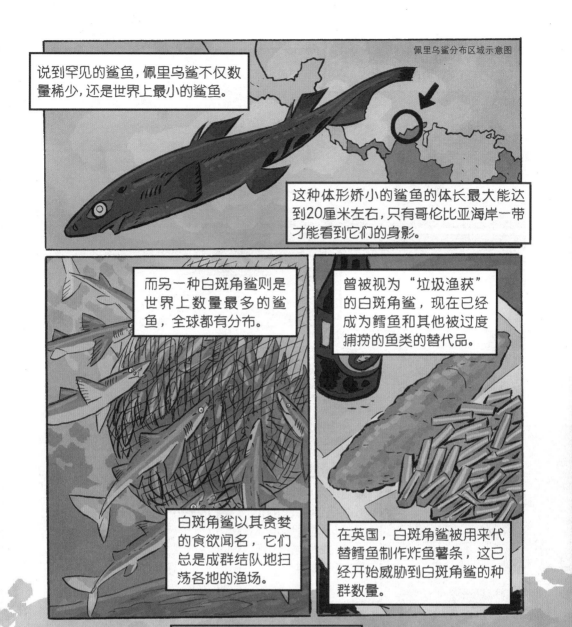

说到罕见的鲨鱼，佩里乌鲨不仅数量稀少，还是世界上最小的鲨鱼。

这种体形娇小的鲨鱼的体长最大能达到20厘米左右，只有哥伦比亚海岸一带才能看到它们的身影。

而另一种白斑角鲨则是世界上数量最多的鲨鱼，全球都有分布。

曾被视为"垃圾渔获"的白斑角鲨，现在已经成为鳕鱼和其他被过度捕捞的鱼类的替代品。

白斑角鲨以其贪婪的食欲闻名，它们总是成群结队地扫荡各地的渔场。

在英国，白斑角鲨被用来代替鳕鱼制作炸鱼薯条，这已经开始威胁到白斑角鲨的种群数量。

尖背角鲨是一种只分布于澳大利亚和新西兰东南面水域的稀有鲨鱼。

澳大利亚

尖背角鲨分布区域示意图

雪茄达摩鲨可能是最令人感到不安的鲨鱼。

不仅因为它怪异的外表，还有它异常的进食方式。

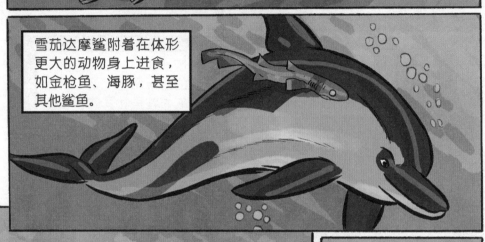

雪茄达摩鲨附着在体形更大的动物身上进食，如金枪鱼、海豚，甚至其他鲨鱼。

吸盘状的嘴和沿着下颌边缘生长的锯齿状牙齿可以从大鱼身上转圈咬下圆形的瓶塞一样的肉……

这会给受害者留下非常恐怖的伤口。

梦棘鲛科的鲨鱼大多行动缓慢，它们在最深、最黑暗的海洋中生活，避免了与人类接触。

它们曾被认为是食腐的底栖鱼类，除此之外，人们对这些神出鬼没的生物知之甚少。

梦棘鲛科中体形最大的是格陵兰睡鲨。

这是唯一一种生活在北极海域的鲨鱼。

这里不仅海水寒冷，而且鲨鱼生活的环境几乎是完全黑暗的。

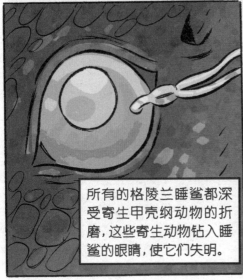

所有的格陵兰睡鲨都深受寄生甲壳纲动物的折磨，这些寄生动物钻入睡鲨的眼睛，使它们失明。

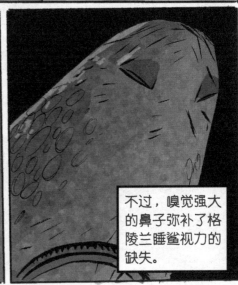

不过，嗅觉强大的鼻子弥补了格陵兰睡鲨视力的缺失。

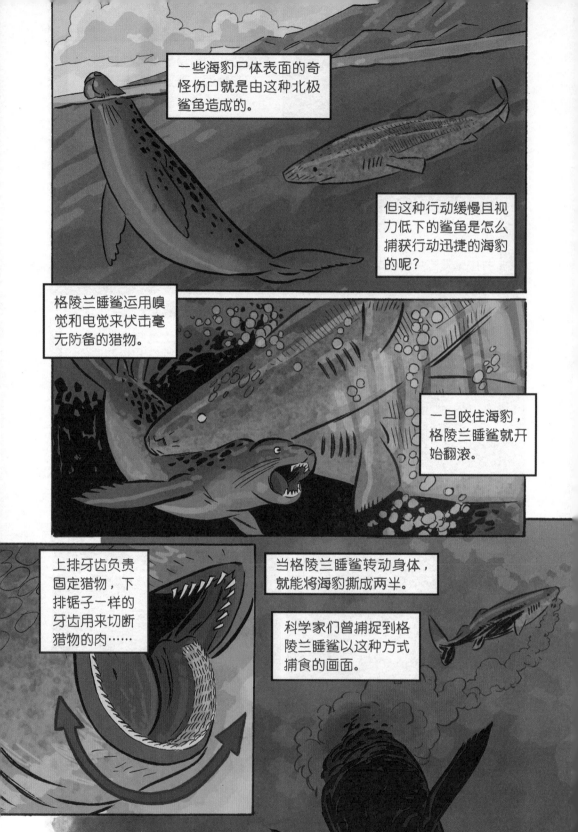

一些海豹尸体表面的奇怪伤口就是由这种北极鲨鱼造成的。

但这种行动缓慢且视力低下的鲨鱼是怎么捕获行动迅捷的海豹的呢？

格陵兰睡鲨运用嗅觉和电觉来伏击毫无防备的猎物。

一旦咬住海豹，格陵兰睡鲨就开始翻滚。

上排牙齿负责固定猎物，下排锯子一样的牙齿用来切断猎物的肉……

当格陵兰睡鲨转动身体，就能将海豹撕成两半。

科学家们曾捕捉到格陵兰睡鲨以这种方式捕食的画面。

从而得出结论，这种6米多长的睡鲨并不是食腐鱼类，而是狡猾的猎手。

早在几个世纪前，因纽特人就知道格陵兰睡鲨的肉是有毒的。

因为雪橇犬吃了格陵兰睡鲨的肉之后会生病。

许多人认为，格陵兰睡鲨是地球上现存最长寿的动物。

最新证据显示，这种鲨鱼可以活到200岁以上！

当年迎接北极探险者到来的格陵兰睡鲨可能直到今天还活着！

比如铰口鲨和斑纹须鲨，它们生活在临近海床的区域，以贝类和一些甲壳类动物为食。

即便这些鲨鱼很温顺，但也不能作为宠物。

抚摸野生动物可不是好主意。这些家伙可能会用吸盘一样的嘴钳制你的手臂。

谢谢科普。

对我来说，温顺的鲨鱼也很可怕，我们快走吧。

等等，把最后一条须鲨讲完。

看！

每一条鲸鲨身上的斑点分布都是独一无二的，可以用斑点来区分不同的鲸鲨。

鲸鲨时常会浮上海面以提高体温，这总会吸引一些喜欢刺激的人前来围观。

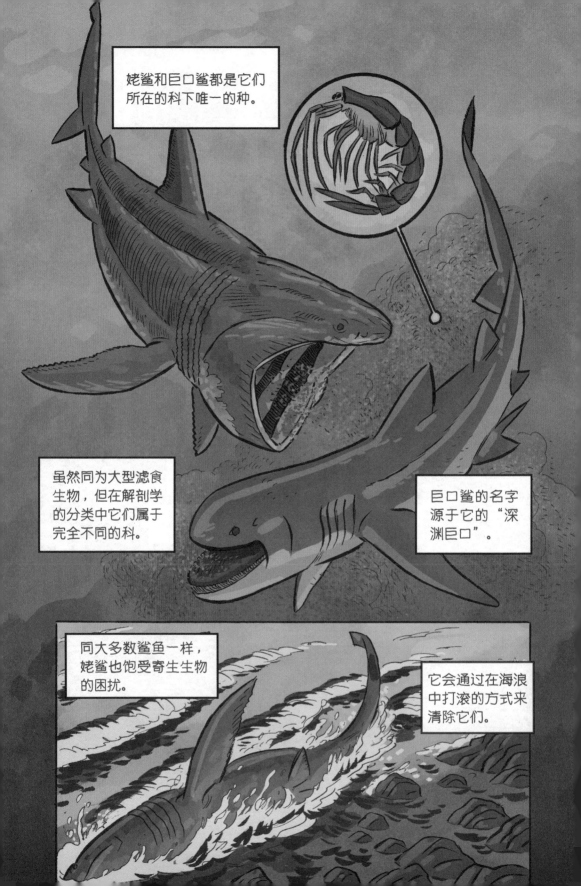

长尾鲨用一种非常特别的方式来捕猎。

哗！

它细长的尾鳍背叶就像一根鞭子。

长尾鲨甩动尾巴的力量足以将猎物击出水面。

鱼类陷入晕厥之后，就更容易下手了。

处于食物链最顶端的掠食动物，被称为顶级掠食者。

老虎、狼、猛禽都属于顶级掠食者。

食物链是一种表现生物间捕食关系的科学方法。

食物链是更复杂的食物网的组成部分。

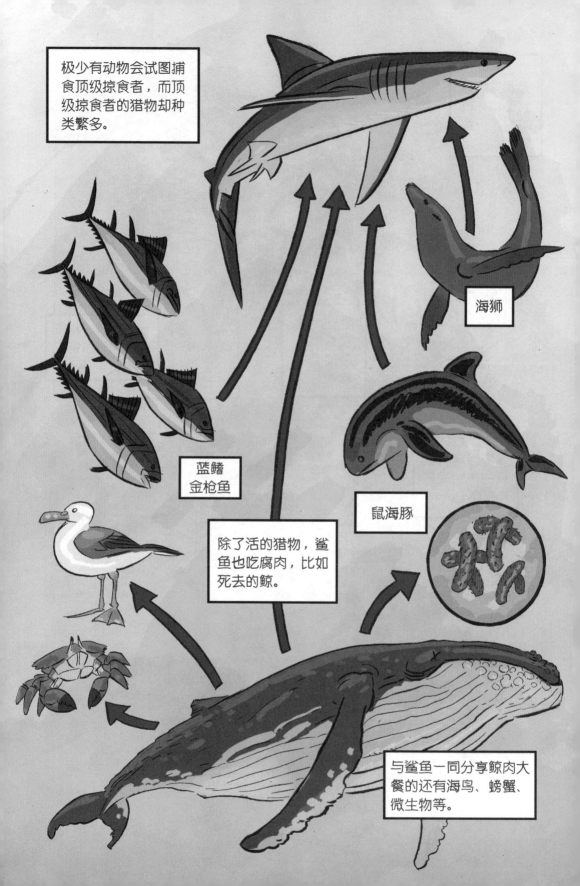

极少有动物会试图捕食顶级掠食者，而顶级掠食者的猎物却种类繁多。

海狮

蓝鳍金枪鱼

鼠海豚

除了活的猎物，鲨鱼也吃腐肉，比如死去的鲸。

与鲨鱼一同分享鲸肉大餐的还有海鸟、螃蟹、微生物等。

当然，这些食腐动物也不介意吃死去的鲨鱼。

灰鲭鲨的速度、体形和可怕的牙齿让它很难被打败。

但有一种鲨鱼比它更出色……

噬人鲨的上下颌完全张开，差不多有46厘米。

46厘米

噬人鲨不仅能将小鱼整条吞下。

它还能借助发达的肌肉从猎物身上撕下大块的肉。

噬人鲨的牙齿长达7厘米，锋利的三角形牙齿有锯齿状的边缘，就像牛排刀一样。

它的嘴里长满了一排排这样的牙齿。

噬人鲨会在开阔海域进行长途旅行。

科学家可以通过追踪信标研究不同鲨鱼的迁徙模式。

一条噬人鲨从旧金山出发……

三个月之内就游到了夏威夷！

旅途中，噬人鲨曾下潜至超过900米深的海底。

海底的水温很低，只有5℃。

如果不能调节体温，噬人鲨根本无法完成这种程度的长途迁徙。

噬人鲨最长的迁徙纪录是从南非到澳大利亚。

整段迁徙路程超过19 000千米，噬人鲨仅用了9个月！

噬人鲨迁徙路线示意图

在如此长的旅途中，噬人鲨会下潜寻找食物。

而在此之前，人们认为深海动物并不包含在它们的天然食谱内。

在这次发现之前，科学家认为噬人鲨只以海洋哺乳动物为食。

象海豹就是吸引噬人鲨靠近海岸区域捕食的海洋哺乳动物之一。

在海岸附近捕猎时，噬人鲨会跟踪尾随海豹群。

它们会悄悄地游到正在进食的海豹下方，找准时机发动突袭。

凭借强劲的肌肉爆发力，噬人鲨能轻松地伏击可怜的海豹。

这幅噬人鲨腾空而起的标志性画面，将这种掠食动物的力量与优雅展露无遗。

最后，人们害怕噬人鲨的真正原因——它们有时会把人类误判为猎物……

相当于犯下了"过失杀人罪"。

和鲨鱼相比，人类是地球上的新物种，在鲨鱼的进化之路上并没有人类出现，所以人类并不在鲨鱼的日常食谱中。

虽然人类是陆地生物，但为了食物或娱乐，人类不断地走近海洋。

鲨鱼！

人类与鲨鱼的接触总是伴随着误解。

大多数鲨鱼是无害的。

啊！鲨鱼来了，快跑！

嘎巴嘎巴！

嗯……对于人类来说。

夏威夷

公元前1500年

公元前5500年

公元前3600年

印　度　尼　西　亚

公元前3200年

公元前1000年

新
西
兰

澳大利亚

古代先民迁移路线示意图

最早与鲨鱼有大量正面接触的人类可能是离开亚洲大陆，向印度尼西亚、澳大利亚和波利尼西亚迁移的先民。

穿越开阔海域迁移让波利尼西亚人的祖先有很多与鲨鱼接触的机会。

波利尼西亚人的传统武器上面就嵌着鲨鱼的牙齿。

夏威夷的神话中也经常提到鲨鱼和鲨鱼神。

鲨鱼神卡莫霍利可以从鲨鱼变成人形。

鲨鱼神甚至和人类女人卡莱结婚并生下一子。

这个叫纳纳乌的男孩长大后,他的背上出现了一个长满鲨鱼牙齿的洞。

欧洲的神话中也有很多关于大鱼和海怪的记载。这些传说故事是不是都源于人类与鲨鱼的接触？

希腊神话中海神波塞冬的仆从 —— 海怪刻托，它被赫拉克勒斯击败的故事最初的灵感是来自鲨鱼吗？

很多早期的鲨鱼绘画都是对照着干燥的鲨鱼标本绘制的，这种做法严重歪曲了鲨鱼的真实面貌。

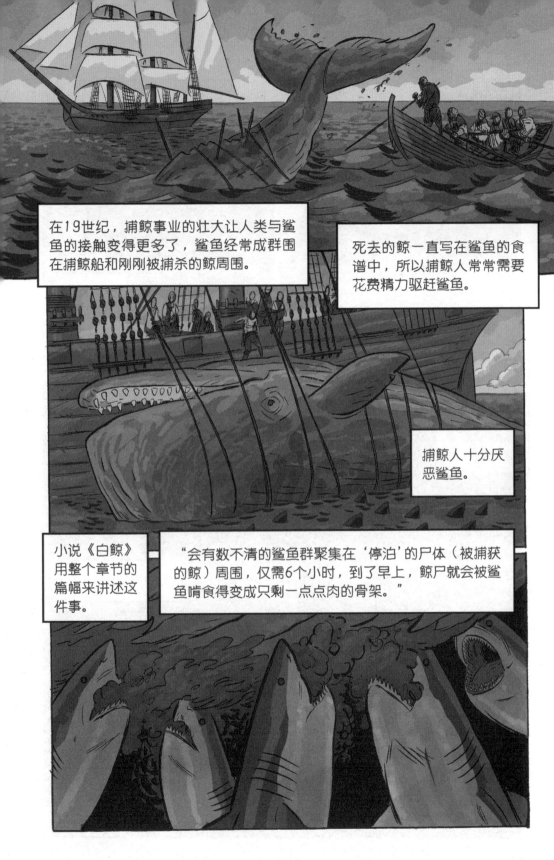

在19世纪，捕鲸事业的壮大让人类与鲨鱼的接触变得更多了，鲨鱼经常成群围在捕鲸船和刚刚被捕杀的鲸周围。

死去的鲸一直写在鲨鱼的食谱中，所以捕鲸人常常需要花费精力驱赶鲨鱼。

捕鲸人十分厌恶鲨鱼。

小说《白鲸》用整个章节的篇幅来讲述这件事。

"会有数不清的鲨鱼群聚集在'停泊'的尸体（被捕获的鲸）周围，仅需6个小时，到了早上，鲸尸就会被鲨鱼啃食得变成只剩一点点肉的骨架。"

从抹香鲸头部提取珍稀的"鲸蜡"是一项麻烦的工作。

鲸头部的皮肤湿滑。

如果水手不幸掉进了满是血淋淋的鲸脂和鲨鱼的水中……

几乎不可能生还。

捕鲸人带回陆地的故事中，鲨鱼是凶残的食人猛兽。

这样的认知一直延续到了20世纪。

1916年夏天，在美国的一次热浪天气期间，鲨鱼的恶名又一次升级。

成百上千人涌向大海，只为从酷热中解脱。其中最受欢迎的浴场便是新泽西州的"天堂海岸"。

一位叫查尔斯·埃普坦·文森特的游客与一只巡回犬在海滩上玩耍时，决定去海里游一游，不幸被鲨鱼咬伤。

幸运的是狗没事……

查尔斯被送往下榻的酒店抢救，但还是很快就去世了。

由鲨鱼引发的"惊魂12天"正式开始，从7月1日至7月12日，新泽西海岸共有4人死于鲨口。

纽约市

拉里坦湾

基波特

斯普林莱克

天堂海岸

事发地点位置示意图

第二起鲨鱼袭击致死事件于7月6日发生在斯普林莱克。

接下来的三次袭击发生在12日，都位于基波特的马塔旺溪。

几个男孩在水中玩耍时发现水中露出一只背鳍。

当一个男孩被拖到水下时，其余的男孩迅速跑上岸求助。

沃特森·斯坦利·费舍尔是最快赶来帮忙的市民之一。

他在营救男孩的过程中也受到了鲨鱼的袭击。

费舍尔和男孩莱斯特·史迪威都伤重不治。

约半小时后，约瑟夫·邓恩在距离马塔旺溪800米左右的地方被咬伤，他活了下来。

一支搜索小队被派出，只为找到所谓的"新泽西食人魔"。

两天后，迈克尔·施利瑟尔在距离马塔旺溪仅几千米远的拉里坦湾捉到了一条两米多长的鲨鱼。

他用一只断桨刺死了这条鲨鱼。

科学家判定这是一条噬人鲨，也在它的胃里发现了疑似"人类遗骸"的东西。

尽管有了这些证据，专家还是对这条鲨鱼的种类存有疑问。

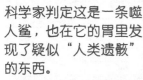

因为人们声称其中三次袭击发生在淡水水域，一般成年噬人鲨不会进入如此狭窄的水域。此外，这些袭击中所展现的攻击性，也让公牛真鲨成为疑犯之一。

还有一些人则认为，高盐度的溪流和捕获鲨鱼的体形较小两个信息是验证噬人鲨"罪犯身份"的有力证据。

如果鲨鱼不想吃人，它们为什么发动致命攻击呢？

鲨鱼将人类误认为食物时，会攻击人类的小腿或大腿。

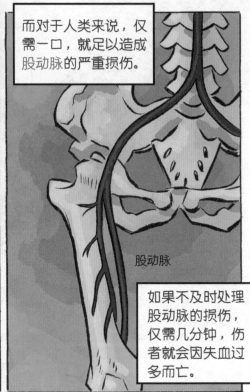

而对于人类来说，仅需一口，就足以造成股动脉的严重损伤。

股动脉

如果不及时处理股动脉的损伤，仅需几分钟，伤者就会因失血过多而亡。

多年来，也有不少在鲨鱼袭击中幸存的人。职业冲浪选手贝瑟尼·汉密尔顿就是幸存者之一，她在被鲨鱼袭击后仅一个月就回归了冲浪训练。

但鲨鱼事件的阴影仍未消退，很多人因此而惧怕海洋。

1916年新泽西州鲨鱼事件或许就是彼得·本奇利创作畅销小说《大白鲨》的灵感来源。

这本1974年出版的小说一年后还被改编成了电影。

电影向观众展现了一场被描绘得非常恐怖的鲨鱼袭击。

一些观众被吓坏了，对海洋的恐惧甚至持续了数十年。

《大白鲨》衍生出多部续集，以及很多效仿之作。

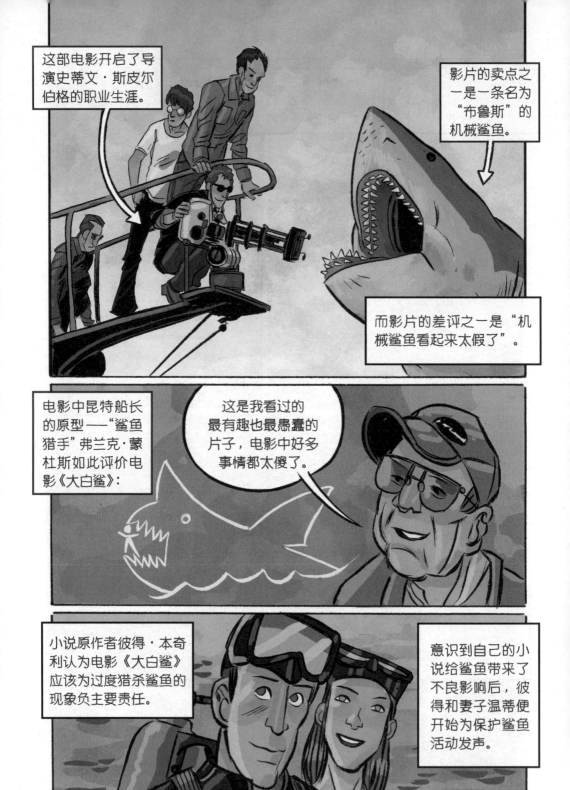

这部电影开启了导演史蒂文·斯皮尔伯格的职业生涯。

影片的卖点之一是一条名为"布鲁斯"的机械鲨鱼。

而影片的差评之一是"机械鲨鱼看起来太假了"。

电影中昆特船长的原型——"鲨鱼猎手"弗兰克·蒙杜斯如此评价电影《大白鲨》:

这是我看过的最有趣也最愚蠢的片子,电影中好多事情都太傻了。

小说原作者彼得·本奇利认为电影《大白鲨》应该为过度猎杀鲨鱼的现象负主要责任。

意识到自己的小说给鲨鱼带来了不良影响后,彼得和妻子温蒂便开始为保护鲨鱼活动发声。

这些作品误导人们：鲨鱼是需要消灭的致命怪物。

这些曾经的"垃圾渔获"、现在的"食人魔"，成了渔民们追求的奖品。

以战利品为目的的过度捕杀导致全球鲨鱼数量前所未有地减少。

噬人鲨大约15岁才能性成熟，过度捕杀成年鲨鱼的后果是，在等待小鲨鱼长大的十几年间，都不会有新的噬人鲨出生。

所以科学家标记和追踪健康鲨鱼的位置和成长是如此的重要。

这能提供某一地区鲨鱼种群数量和物种分布情况的重要信息。

了解鲨鱼种群受到的最大威胁是什么，是恢复其种群数量的第一步。

维护一个健康的生态系统，鲨鱼种群数量需要稳定。

如果一种顶级掠食者被移出了食物网，那处于食物网下层的物种数量便会失控。

这些无节制的小型掠食者会过度消耗生态系统中的其他生物。

然而，并非只有被作为战利品捕杀的鲨鱼受到威胁。

为了获得鱼翅，几乎每一种鲨鱼都会被捕杀。

偷猎者会把被割掉鳍后还未死去的鲨鱼扔回海里。美国已经立法明令禁止食用鱼翅。

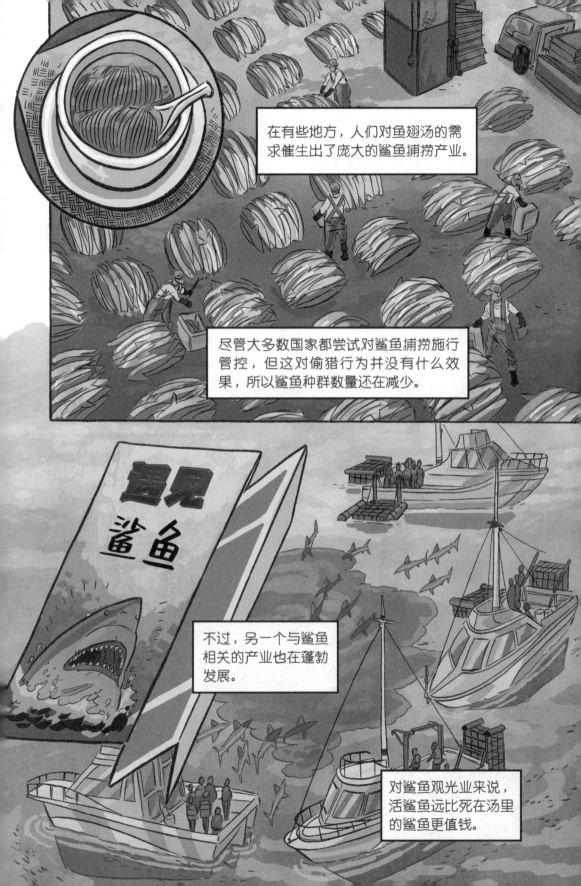

在有些地方，人们对鱼翅汤的需求催生出了庞大的鲨鱼捕捞产业。

尽管大多数国家都尝试对鲨鱼捕捞施行管控，但这对偷猎行为并没有什么效果，所以鲨鱼种群数量还在减少。

遇见鲨鱼

不过，另一个与鲨鱼相关的产业也在蓬勃发展。

对鲨鱼观光业来说，活鲨鱼远比死在汤里的鲨鱼更值钱。

但新的问题也随之出现，观光船会用很多饵料吸引鲨鱼。

为了让观光客觉得钱花得值，观光船会将超量的鱼血和内脏投到海里以吸引更多的鲨鱼。

而更多的人鲨互动可能给鲨鱼和观光客双方都带来伤害。

与野生动物近距离接触是有一定风险的，需要采取一些预防措施。

在鲨鱼的世界里，作为客人的我们理应保持谨慎并对主人报以尊重。

最新记录显示,
一群虎鲸在旧金
山海岸附近围攻
一条噬人鲨并把
它撕碎了。

这起事件究竟是出于捕
猎、自卫,还是为了抢夺
海狮而引发的领地之争
(它们都喜欢吃海狮),
仍有待商榷。

但噬人鲨是"最顶级的
掠食者"这一说法无疑
受到了挑战。

保护鲨鱼的第一步，便是去
了解它们，以及它们生活的
世界，如此，鲨鱼的传奇故
事才能得以延续。

—词 汇 表—

变温动物
不能自主调节体温，其体温随环境的变化而变化的动物。

冲撞换气
某些鱼的呼吸方法，它们在游泳时张开嘴，让水通过嘴和鳃以获得氧气。

触须
有些鱼的嘴或鼻子上长着成对的肉质细须。这些细须里有味蕾，可以帮助鱼在浑浊的水中寻找食物。

电觉
接收并感知其他动物自然电刺激的生物能力。

顶级掠食者
处于食物链顶端的掠食性动物，几乎没有天敌。

浮力
浸在流体（液体或气体）内的物体受到流体竖直向上的作用力叫作浮力，与重力的方向相反。

股动脉
位于人体大腿上的一条大血管，是供应下肢血液的主血管。

恒温动物
通过代谢手段保持恒定体温的动物，其体温通常高于周围环境，哺乳动物和鸟类都是恒温动物。

红树林
生长在涨潮时会被淹没的热带沿海沼泽，由乔木或灌木组成的植物群落。典型的红树林有很多暴露在地面上缠结的根。

鲨鱼卵实例

澳大利亚虎鲨卵

宽纹虎鲨卵

眶（kuàng）嵴（xiáo）虎鲨卵

脊椎动物

有脊椎骨的动物,包括哺乳动物、鸟类、爬行动物、两栖动物,以及鱼类和圆口类动物。

赖迪氏器

软骨鱼类的一种造血器官,可以产生红细胞。

口腔抽吸

利用口腔肌肉主动吸入空气,再通过抬高口腔的底部把空气压入肺中的呼吸方法。

林奈

卡尔·冯·林奈,瑞典生物学家。林奈的分类系统根据生物的共同特征,将其分出一系列固定等级,从顶部的"界"到底部的"种"。林奈还创建了用"属名+种加词(种小名)"来给物种命名的"双名法"。

洛仑兹壶腹

鲨类头部许多充满胶质的开口于体表的小管,小管深部的感觉细胞能对隐藏在沙质海底的潜在猎物的弱电场做出应答。

迁徙

从一个地区移动到另一个地区,一般基于季节或环境变化。

软骨鱼纲

由软骨鱼组成的大分类,有成对的鳍和发育良好的颌。这一分类包括鲨鱼、鳐鱼以及与它们有亲缘关系的已灭绝物种。

细脉网

拉丁文原意为"美妙的网络",是一种在许多温血脊椎动物体内都有的动脉和静脉相连的复杂系统。

硬骨鱼纲

常被简称为硬骨鱼,其骨骼主要由骨组织组成。

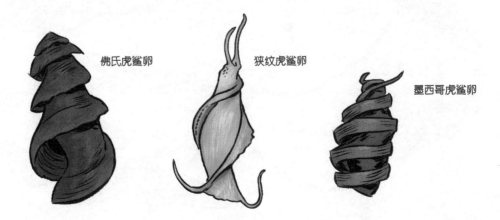

佛氏虎鲨卵　　狭纹虎鲨卵　　墨西哥虎鲨卵

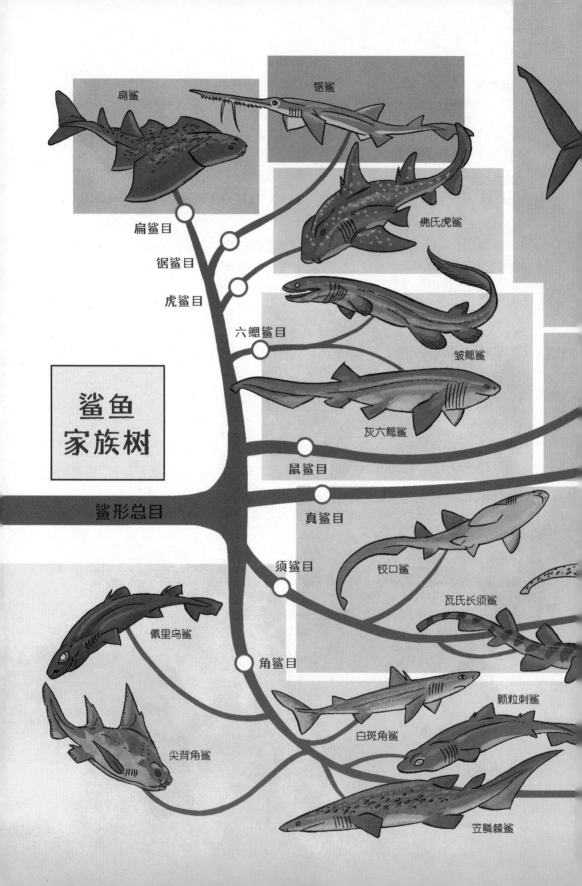

扁鲨

锯鲨

佛氏虎鲨

皱鳃鲨

灰六鳃鲨

铰口鲨

瓦氏长须鲨

颗粒刺鲨

白斑角鲨

佩里乌鲨

尖背角鲨

笠鳞棘鲨

扁鲨目

锯鲨目

虎鲨目

六鳃鲨目

鼠鲨目

真鲨目

须鲨目

角鲨目

鲨形总目

鲨鱼
家族树

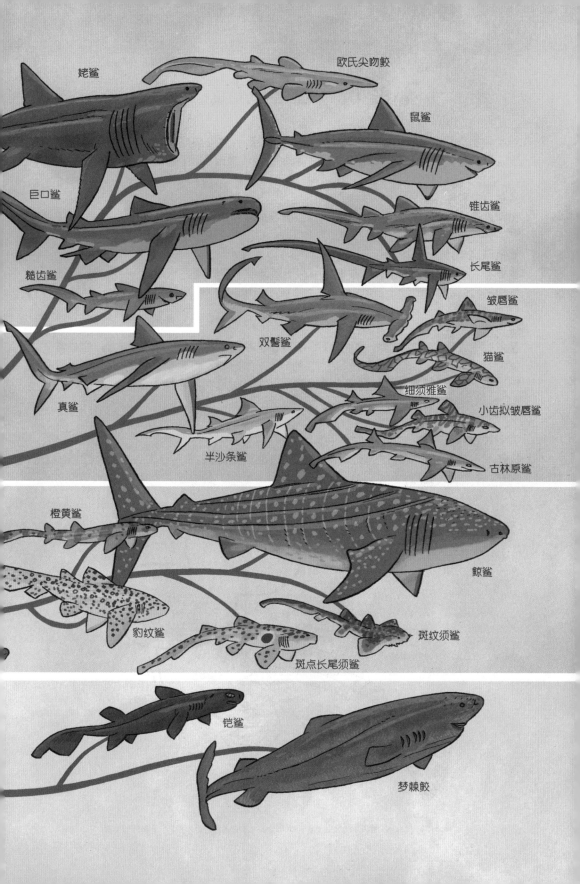

姥鲨

欧氏尖吻鲛

鼠鲨

巨口鲨

锥齿鲨

长尾鲨

糙齿鲨

皱唇鲨

双髻鲨

猫鲨

细须雅鲨

小齿拟皱唇鲨

真鲨

半沙条鲨

古林原鲨

橙黄鲨

鲸鲨

豹纹鲨

斑纹须鲨

斑点长尾须鲨

铠鲨

梦棘鲛

— 不要说"鲨鱼袭击①"—

根据克里斯托弗·内夫和罗伯特·休特的一篇科学论文，美国软骨鱼类研究协会建议记者避免使用煽动性的短语"鲨鱼袭击"。他们提出了以下更准确的描述：

鲨鱼目击事件
在离人类较近的水域发现鲨鱼，但人类没有与鲨鱼发生身体接触。

鲨鱼遭遇事件
鲨鱼与人类有身体的接触，包括鲨鱼与水中游泳者发生身体的碰撞，或与人类的物品发生接触，但没有造成伤害。例如，鲨鱼撕咬冲浪板、皮划艇或船只。

鲨鱼咬伤事件
鲨鱼咬人导致轻度或中度伤害的事件。小型鲨鱼和大型鲨鱼都可能咬伤人类，但通常撕咬行为只会发生一次，造成非致命性的咬伤。如果撕咬行为发生不止一次，伤势可能会很严重，但除非有经验的鲨鱼专家确定了鲨鱼的动机和意图，如捕食或防御，否则不应该使用"鲨鱼袭击"一词。

鲨鱼咬伤致死事件
人类和鲨鱼发生冲突时被一次或多次咬伤，造成严重伤害，如大量失血或身体组织的损伤，并造成人类死亡。

哈！我活到了大结局！

以后也一定会很顺利的！

①原文"shark attack"中的"attack"强调攻击的主动性，而大部分鲨鱼攻击人类的行为并非出于鲨鱼的本意。